重庆市职业教育学会规划教材／职业教育传媒艺术类专业新形态教材

三维建模可视化表现

SANWEI JIANMO KESHIHUA BIAOXIAN

主　编　何跃东　张　驰

副主编　徐　江　张　琦　代文豪　李　力　龚承晋

重庆大学出版社

图书在版编目（CIP）数据

三维建模可视化表现 / 何跃东，张驰主编. —— 重庆：
重庆大学出版社，2023.8
职业教育传媒艺术类专业新形态教材
ISBN 978-7-5689-4124-2

Ⅰ. ①三… Ⅱ. ①何… ②张… Ⅲ. ①三维动画软件
—职业教育—教材 Ⅳ. ①TP391.414

中国国家版本馆CIP数据核字（2023）第150418号

职业教育传媒艺术类专业新形态教材

三维建模可视化表现
SANWEI JIANMO KESHI HUA BIAOXIAN

主　编：何跃东　张　驰
策划编辑：席远航　蹇　佳　周　晓
责任编辑：周　晓　　装帧设计：品木文化
责任校对：谢　芳　　责任印制：赵　晟

重庆大学出版社出版发行
出版人：陈晓阳
社　址：重庆市沙坪坝区大学城西路21号
邮　编：401331
电　话：（023）88617190　88617185（中小学）
传　真：（023）88617186　88617166
网　址：http://www.cqup.com.cn
邮　箱：fxk@cqup.com.cn（营销中心）
全国新华书店经销
重庆长虹印务有限公司印刷

开本：787mm×1092mm　1/16　印张：12.25　字数：236千
2023年8月第1版　　2023年8月第1次印刷
印数：1—3 000
ISBN 978-7-5689-4124-2　　定价：68.00元

前　言
FOREWORD

　　三维建模可视化表现是建筑设计大类的一门综合表现技术，本书作为环境艺术设计、建筑动画技术等相关专业核心教材之一，以三维数字建模师（职业岗位）、动画模型设计与制作（同类专业课程）、全国高等职业院校学生职业技能竞赛"虚拟现实（VR）设计与制作"赛项、"数字创意建模"1+X职业技能等级证书（环境设计方向）考试内容融通为主线，体现"岗课赛证"融合的人才培养过程，以校企双元合作开发真实项目案例为驱动，多措并举实施编写。

　　教材主要内容如下：全书共分为6个模块、19个项目、53个任务、19个案例。介绍三维建模可视化表现工作流程中所涉及的1个二维绘图软件、4个三维建模软件、2个可视化表现软件、1个平面后期处理软件。

　　模块1——三维建模可视化基础理论（职业岗位理论）。介绍三维建模可视化表现理论及软件、三维建模"岗课赛证"训练标准等理论知识。

　　模块2——三维数字建模师（职业岗位资格证书）。介绍3ds Max软件基础、建筑物效果图制作、后期图像处理，讲解数字创意设计行业"三维数字建模师"岗位培养课程案例。

　　模块3——动画模型设计与制作（同类专业课程）。介绍3ds Max模型创建、VRay for 3ds Max材质\灯光\渲染、SketchUp模型创建、VRay for SketchUp材质\灯光\渲染，讲解三维模型同类相关课程教学案例制作。

　　模块4——虚拟现实（VR）设计与制作（职业技能竞赛）。介绍Maya 3D、ZBrush模型材质创建、VR模型材质创建，讲解全国高等职业院校学生职业技能竞赛"虚拟现实（VR）设计与制作"赛项次世代模型创建案例。

　　模块 5——数字创意建模（1+X 职业技能等级证书）。介绍 3ds Max 室内场景建模、3ds Max 单体建筑建模、SketchUp 室内场景建模、SketchUp 室外场景建模、Photoshop 效果图后期处理（室内＋建筑），讲解 1+X《数字创意建模》职业技能等级证书（环境设计方向）考试案例。

　　模块 6——建筑景观可视化表现（综合项目演练）。介绍 Lumion 建筑景观可视化表现、Mars 建筑景观可视化表现，讲解泛建筑虚拟现实（VR）可视化表现基础案例制作。

　　附录——另以附录章节的形式收录了优秀案例赏析、相关软件常用命令快捷键等。

　　本教材对于中等职业教育的建筑表现（640101）、建筑装饰技术（640102）、家具设计与制作（680103）、数字媒体技术应用（710204）、艺术设计与制作（750101）、数字影像技术（750103），高等职业教育专科的环境艺术设计（550106）、建筑动画技术（440107）、建筑室内设计（440106）、室内艺术设计（550114）、建筑设计（440101）、风景园林设计（440105）、建筑装饰工程技术（440102）、古建筑工程技术（440103）、数字媒体技术（510204）、虚拟现实技术应用（510208）、数字媒体艺术设计（550103）、产品艺术设计（550104）、公共艺术设计（550108）、展示艺术设计（550110）专业均适用。

　　本教材由何跃东、张驰担任主编，负责统筹全书的编写整理工作；徐江、张琦、代文豪、李力、龚承晋担任副主编，负责全书的编写工作；许汝才、桑见、罗谢稷、王传、许荣华、张月、谭小波、林浩东参编，负责全书的案例资源录制工作。

　　由于编者水平有限，书中难免有疏漏和不妥之处，敬请读者批评指正。

编　者
2021 年 9 月

目 录
CONTENTS

模块五　数字创意建模（1+X 职业技能等级证书）

模块六　建筑景观可视化表现（综合项目演练）

模块一｜三维建模可视化基础理论（职业岗位理论）

项目一　三维建模可视化表现理论及软件

近年来，随着信息技术的发展，人类社会进入信息时代，信息化开始融入人们日常工作和生活的各个领域中，而三维建模是信息化时代不可或缺的基础技术。

三维建模，是指利用制图软件建立空间模型的过程，任何物理自然界存在的东西都可以用三维模型表示。三维建模广泛应用于各种不同的领域，在医疗行业应用于制作器官的精确模型；在建筑业应用于建筑物的展示或者风景表现；在工程界应用于设计新设备、交通工具、结构等；在数字创意行业应用于项目虚拟可视化呈现。最近十多年，在地球科学领域也开始构建三维地质模型。

项目描述

本项目介绍三维建模可视化基础理论，从工业仿真、影视动画、数字建筑等方面分别介绍三维建模的可视化应用领域，着重介绍三维建模在数字建筑可视化领域的应用，包括建筑 BIM、建筑表现、建筑漫游、建筑 VR 等方面的市场应用方向及效果。

学习要点

- 了解三维建模可视化表现理论的素养要求。
- 了解三维建模可视化表现常用软件的类别及应用范围。
- 了解三维建模可视化表现常用软件的特点及相关要求。

任务 1　三维建模可视化表现理论

三维建模可视化表现包含工业仿真、影视动画、数字建筑等，其中工业仿真可分为工业仿真动画、工业 VR 虚拟现实、虚拟仿真教学等；影视动画可分为影视广告制作、MG 动画制作等；数字建筑可分为建筑 BIM、建筑表现、建筑漫游、建筑 VR 等。

（1）工业仿真

①工业仿真动画

工业仿真动画，是指通过三维软件建模，真实地模拟工业生产现场、产品工作原理、工艺流程展示等以动画视频的方式展现出来。因其纪实风格的表现方式、产品外观的完美呈现、工艺细节的立体化展示、运行流程的全方位演示，现已被众多企业广泛应用于产品方案设计、工业生产培训、推广宣传等各个环节，成为企业形象传达、品牌树立的有效途径以及未来多媒体展示技术的主流模式。（图 1-1）

②工业 VR 虚拟现实

虚拟现实技术是一种可以创建和体验虚拟世界的计算机仿真系统，它利用计算机生成一种模拟环境，是一种多源信息融合的、交互式的三维动态视景和实体行为的系统仿真，使用户沉浸到该环境中。（图 1-2）

③虚拟仿真教学

虚拟现实技术是工业 4.0 的主要支撑技术之一，涉及仿真、计算机图形学、人机接口、多媒体、传感器以及网络等多种技术，是现代制造业产品创新设计的先进手段，将虚拟现实仿真技术应用于工业领域和教学中，可以有效地解决工程实际中复杂系统结构原理，高危、高成本等实验难点问题。虚拟仿真实验室包括显示系统、交互系统和平台软件等。（图 1-3）

图 1-1 工业仿真动画示例

图 1-2 工业虚拟现实示例

图 1-3 工业虚拟仿真示例

（2）影视动画

①影视广告制作

影视广告是非常奏效而且覆盖面较广的广告传播方式之一。影视广告制作上具有即时传播远距离信息的媒体特性——传播上的高精度化，影视广告能使观众自由地发挥对某种商品形象的想象，也能具体而准确地传达吸引顾客的意图。（图1-4）

② MG 动画制作

MG，英文是 Motion Graphics，从字面翻译就是图形运动的意思。MG 动画，就是让图形和图形组合，按一定规律运动起来，从而实现想要表达的主题思想。MG 动画具有科技感和时尚感，是一种融合了电影与图形设计的语言，是基于时间流动而设计的视觉表现形式。（图1-5）

MG 动画的表现形式多种多样，与传统动画不同，它不讲求细腻鲜明的人物角色，而是通过幽默风趣和生动的图解组成形式呈现内容。其成本可控，受众面广，传播范围大。MG 动画广泛应用于影视广告、企业宣传、产品推广、视频演示、流程工艺解说、项目投标展示、企业年终大会总结与规划、网络推广等领域。（图1-6）

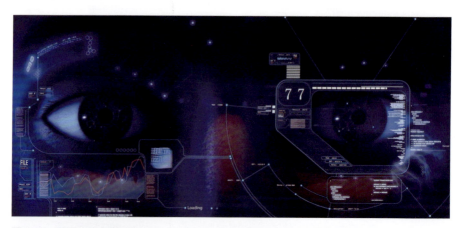

图 1-4　影视广告包装示例

图 1-5　MG 动画示例

图 1-6 MG 动画示例

（3）数字建筑

①建筑 BIM

BIM 即建筑信息模型，是建筑、土木等工程的新工具。BIM（Building Information Modeling）技术是 Autodesk 公司在 2002 年率先提出的，已经在全球范围内得到业界的广泛认可，它可以帮助实现建筑信息的集成，从建筑的设计、施工、运行直至建筑全寿命周期的终结，各种信息始终整合于一个三维模型信息数据库中。设计团队、施工单位、设施运营部门和业主等各方人员可以基于 BIM 进行协同工作，有效提高工作效率，节省资源，降低成本，以实现可持续发展。

BIM 的核心是通过建立虚拟的建筑工程三维模型，利用数字化技术，为这个模型提供完整的、与实际情况一致的建筑工程信息库。该信息库不仅包含描述建筑物构件的几何信息、专业属性及状态信息，还包含了非构件对象（如空间、运动行为）的状态信息。这个三维模型，大大提高了建筑工程的信息集成化程度，从而为建筑工程项目的相关利益方提供了一个工程信息交换和共享的平台。（图 1-7）

②建筑表现

建筑表现是研究设计方案、表现设计构思的手段。它们主要有：方案设计阶段研究方案使用的设计草图（包括徒手草图与工具草图）；方案基本确定之后表现与介绍方案所用的各种建筑表现图；方案实施阶段所用的建筑工程图。（图 1-8）

建筑表现也是建筑设计的成果表达。历来都是建筑学及相关领域课题研究

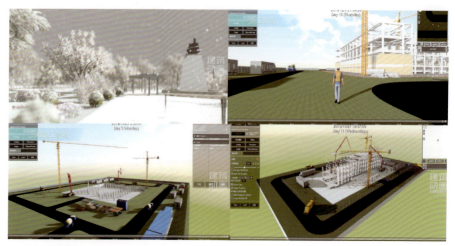

图 1-7　建筑 BIM 动画示例

图 1-8　建筑外观效果图示例

图 1-9　建筑景观效果图示例

图 1-10　建筑室内效果图示例

实践的重要内容之一。随着数字时代的到来，建筑设计的操作对象不断丰富，设计表达的途径和成果更在数字技术媒介的影响和支持下日新月异。从手绘草图、工程图纸到计算机辅助绘图，从实体模型到计算机信息集成建筑模型，乃至数字化多媒体交互影像的设计制作，各种设计表达方法和手段在设计过程的不同阶段更新交替，发挥着各具特色的作用。（图1-9）

简单地说，建筑表现效果图就是将一个还没有实现的构想，通过我们的笔、电脑等工具将它的体积、色彩、结构提前展示在我们眼前，以便我们更好地认识这个物体。它现阶段主要用于建筑业、工业、装修业。（图1-10）

③建筑漫游

建筑漫游是利用虚拟现实技术对现实中的建筑进行三维仿真，具有人机交互性、真实建筑空间感、大面积三维地形仿真等特性。在漫游动画应用中，人们能够在一个虚拟的三维环境中，用动态交互的方式对未来的建筑或城区进行全方位的审视；可以从任意角度、距离和精细程度观察场景；可以自由切换多种运动模式，如行走、驾驶、飞翔等，并可以自由控制漫游的路线。而且，在漫游过程中，还可以实现多种设计方案、多种环境效果的实时切换比较。能够给用户带来强烈、逼真的感官冲击，使其获得身临其境的体验。

在建筑漫游动画中，最常用的动画类型可分为两种：一种是通常所说的建筑漫游动画，整个场景都是静止的，只是镜头在这个场景中运动，这类动画模型表现要精细、场景变化要丰富。另一种就是角色动画，如人物、交通工具、植物、自然风貌等的运动动画。（图1-11—图1-13）

图 1-11　建筑漫游动画示例 1

图 1-12　建筑漫游动画示例 2

图 1-13　建筑漫游动画示例 3

　　楼盘漫游动画用艺术的形式表现房地产住宅建筑设计理念，把建筑师徒手勾画的建筑方案、立面、剖面、透视图等变成逼真的虚拟楼盘，并可随心所欲地漫游其中，达到诠释设计方案、提高工程投标率、提升楼盘价值等目的。

　　④建筑 VR

　　建筑 VR 可以增强建筑室内外设计成果的展示效果，还可以进行施工模拟演练，帮助施工方了解施工过程。（图 1-14）

　　室内设计师可以利用 VR 完成家装设计。同时，在 VR 设计软件的支持下，建筑师可以实现 VR 建筑设计，协助地产开发商与装修设计商打造高精度的 VR 样板间，提供 VR 家装解决方案。（图 1-15）

　　当建筑师们需要将蓝图变成有说服力的交互式演示时，VR 能为场景提供超现实光照，炫目的视觉效果以及从内景到海量城市规模场景的完美可伸缩性。（图 1-16）

图 1-14　建筑 VR 可视化示例

图 1-15　建筑室内可视化示例

图 1-16　建筑外观可视化示例

任务2　三维建模可视化表现软件

三维建模可视化表现需要用到多个不同的计算机软件，如用 AutoCAD 绘制 CAD 图纸；用 3ds Max、SketchUp 等三维软件创建模型和场景；需要用到 Lumion 或 Mars 来制作配景、漫游动画或者虚拟仿真；需要通过 Photoshop 来进行图片处理；后期需要 After Effects 和 Premiere 来实现最终的视频合成效果等。

（1）AutoCAD 应用

CAD 即计算机辅助设计（Computer Aided Design）的英文缩写。目前，CAD 应用软件很多，应用最广、影响最大的是美国 Autodesk 公司推出的 AutoCAD 设计软件。它因功能强大、界面友好、易于操作而备受用户青睐，广泛应用于土木建筑、装饰装潢、城市规划、园林设计、电子电路、机械设计、服装鞋帽、航天航空、轻工化工等诸多领域。（图 1-17）

在漫游动画的制作过程中，AutoCAD 软件主要用于阅览、修改各种建筑图纸，如各种施工图、规划图等。CAD 图纸提供了创建动画模型所需要的基本资料。（图 1-18）

（2）3ds Max 应用

3ds Max 是 Autodesk 公司出品的软件，它提供了强大的基于 Windows 平台的三维建模、渲染和动画设计等功能，被广泛应用于广告、影视、工业设计、多媒体制作及工程可视化领域。基于 3ds Max 的图像处理技术极大地简化了图像处理的复杂过程，在漫游动画制作方面发挥着巨大的作用，创建虚拟环境、渲染图像以及部分特效都是在 3ds Max 中实现的。（图 1-19、图 1-20）

图 1-17　AutoCAD 软件启动界面

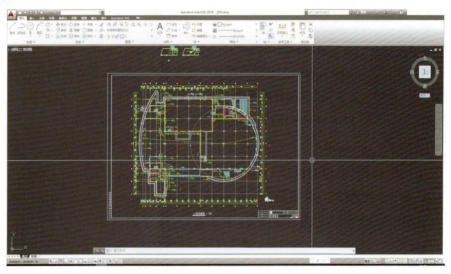

图 1-18　AutoCAD 软件应用界面

图 1-19　3ds Max 软件启动界面

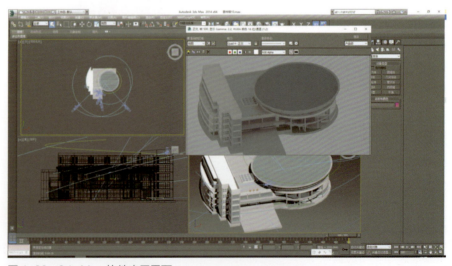

图 1-20　3ds Max 软件应用界面

（3）SketchUp 应用

　　SketchUp 草图大师是一款专业的、强大的 3D 建模绘图软件，软件为用户提供了一整套的 3D 建模工具，其中包括门、窗、柱、家具等组件库和建筑纹理边线所需的材质库，有了这些工具就可以轻松绘制 3D 模型图，实现更直观清晰的实体化表现，满足工程设计行业人员编辑处理 3D 建模绘图的需求。（图1-21）

　　通过对该软件的熟练运用，人们可以借助其简便的操作和丰富的功能完成建筑、风景、室内、城市、图形和环境设计，土木、机械和结构工程设计，小到中型的建设和修缮的模拟，及游戏设计和电影电视的可视化预览等诸多工作。（图 1-22）

（4）Maya 应用

　　Autodesk Maya 是美国 Autodesk 公司出品的世界顶级的三维动画软件，应用对象是专业的影视广告、角色动画、电影特技等。Maya 功能完善，工作灵活，制作效率极高，渲染真实感极强，是电影级别的高端制作软件。（图 1-23）

　　Maya 集成了 Alias、Wavefront 最先进的动画及数字效果技术。它不仅包括一般三维和视觉效果制作的功能，而且还与最先进的建模、数字化布料模拟、毛发渲染、运动匹配技术相结合。Maya 可在 Windows NT 与 SGI IRIX 操作系统上运行。（图 1-24）

　　很多三维设计者应用 Maya 软件，因为它可以提供完美的 3D 建模、动画、特效和高效的渲染功能。另外，Maya 也被广泛地应用在平面设计（二维设计）领域。

（5）ZBrush 应用

　　ZBrush 是一个数字雕刻和绘画软件，它以强大的功能和直观的工作流程彻底改变了整个三维行业。ZBrush 提供了简洁的界面，先进的工具与实用性的功能组合，顺畅的操作和精度高达 10 亿多边形的模型雕刻能力。它将三维动画中最复杂、最耗费精力的角色建模和贴图工作简化，设计师可以通过手写板或者鼠标来控制 ZBrush 的立体笔刷工具，自由自在地随意雕刻自己头脑中的形象。至于拓扑结构、网格分布一类的繁琐问题都可交由 Zbrush 在后台自动完成。它细腻的笔刷可以轻易塑造出皱纹、发丝、青春痘、雀斑之类的皮肤细节，包括这些微小细节的凹凸模型和材质。ZBrush 不但可以轻松塑造出各种数字生物的造型和肌理，还可以把这些复杂的细节导出成法线贴图和展好 UV 的低分辨率模型。这些法线贴图和底模可以被所有的大型三维软件 Maya、3ds Max、LightWave 3D、Unity3D 等识别和应用，是专业动画制作领域里面最重要的建模材质的辅助工具。（图 1-25、图 1-26）

图 1-21　SketchUp 软件启动界面

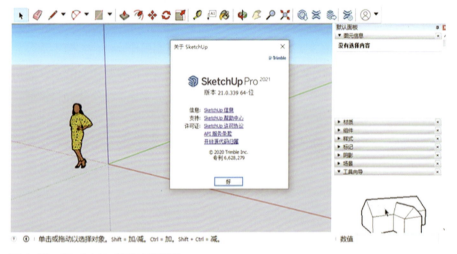

图 1-22　SketchUp 软件应用界面

图 1-23　Maya 软件启动界面

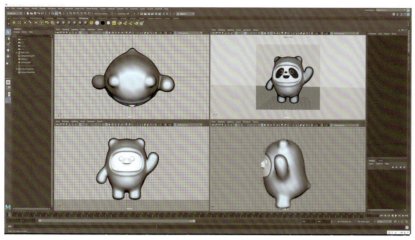

图 1-24　Maya 软件应用界面

图 1-25　ZBrush 软件启动界面

图 1-26　ZBrush 软件应用界面

（6）Enscape 应用

　　Enscape 是一款最近兴起的渲染软件，因为其简洁的操作界面、单一的操作方式以及不输于 Lumion 的渲染质量，广受泛建筑爱好者的青睐。然而，也由于其实时渲染的特性，使得这款软件对于显卡的要求特别高，市面上一般的独立显卡需要更新到最新的驱动才能完美运行这款软件。

　　Enscape 可直接插入建模软件提供集成的可视化和设计工作流程。这是将模型转化为沉浸式 3D 体验的最简单、最快速的方法，它消除了制作的不便，缩短了反馈循环，留出了更多的设计时间。（图 1-27、图 1-28）

图 1-27　Enscape 软件启动界面

图 1-28　Enscape 软件应用成果展示

（7）Lumion 应用

Lumion 是由荷兰 Act-3D 公司开发的虚拟现实软件。自面世以来，仅仅经过一年多的时间就被世界上各个行业广泛运用，尤其是在设计领域。Lumion 所见即所得的表现模式、丰富的素材、便捷的操作方式以及极快的运算模式为方案展现提供了极强的表现力和视觉冲击力。

Lumion 是用于建筑设计可视化的必不可少的软件工具。它能非常快速地创造高质量视频，并且极其易于掌握。Lumion 的客户遍布全球超过 60 个国家和地区，包括建筑师、设计师、工程师、BIM 建模师和大学师生等，它还是很多 AEC 专业人士片刻不离的 BIM 工具箱的一部分。

除了提供渲染功能，Lumion 还包含海量的工具和内容库。所需的用于丰富可视化效果的素材都完美集成了，因此可以在 Lumion 中立即添加树木、人物和其他内容，来让可视化栩栩如生，更加鲜活。（图 1-29、图 1-30）

图 1-29　Lumion 软件启动界面

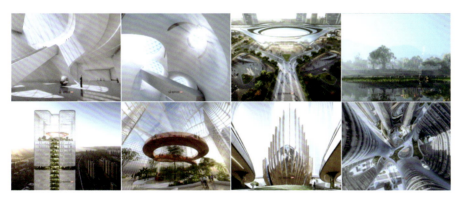

图 1-30　Lumion 软件应用成果展示

（8）Mars 应用

　　Mars 是由光辉城市设计开发的一款全面升级设计师的 VR 使用体验和汇报方式的工具软件，能够将多种 3D 模型一键生成 VR 漫游，然后极速生成效果图、全景图、CG 动画、全景视频、3D 立体漫游等全套表现方式，不仅满足设计师在空间中随意走动、飞翔的需求，而且革命性地降低了建筑表现成本。

　　运用 Mars 泛漫游动画制作软件，可以快速上手制作各式各样的建筑漫游动画，该软件是基于 UE4 游戏引擎开发的虚拟交互制作、实时渲染软件，并且不需要软件编程就可以得到 VR 交互的真实体验，充分体现了"所见即所得"的设计表现理念。（图 1-31、图 1-32）

（9）Photoshop 应用

　　图像的处理是一切图形图像工作中的基础部分，漫游动画的制作也同样离不开图像处理软件，如前期的贴图绘制，后期的图像处理等都需要图像处理软件。Adobe 公司的 Photoshop 是图像处理软件中的典型代表。

　　无论是在平面设计、三维设计还是影像设计领域，Photoshop 的作用都是无可替代的，要学习漫游动画制作，Photoshop 是最基本的必修课。（图 1-33、图 1-34）

图 1-31　Mars 软件启动界面

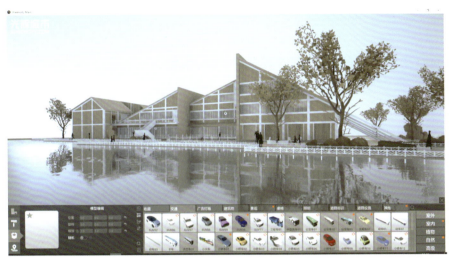

图 1-32　Mars 软件应用成果展示

图 1-33　Photoshop 软件启动界面

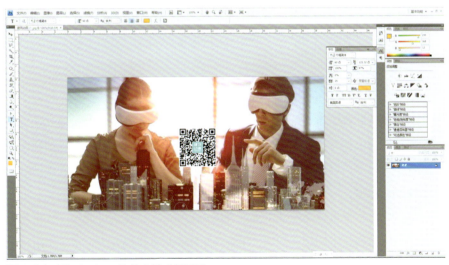

图 1-34　Photoshop 软件应用成果展示

项目二　三维建模"岗课赛证"训练标准

项目描述

　　本项目介绍三维建模泛建筑领域的"岗（三维数字建模师）、课（动画模型设计与制作）、赛（虚拟现实设计与制作）、证（数字创意建模）"相关的考核训练标准和样题，供学习者参考训练。

学习要点

- 了解三维建模可视化基础理论与相关课程训练要求。
- 了解三维数字建模师职业岗位培养考核要求。
- 了解动画模型设计与制作（同类专业课程）课程学习要点。
- 了解虚拟现实（VR）设计与制作职业技能竞赛赛项建模要求。
- 了解数字创意建模（1+X）职业技能等级证书考核标准。

任务 1　三维数字建模师职业岗位培养考核标准

三维数字建模师职业岗位培养考核标准

　　三维数字建模师是使用计算机三维建模软件,将由工程或产品的设计方案、正图（原图）、草图和技术性说明及其他技术图样所表达的形体，构造成可用于设计和后续处理工作所需的三维数字模型的人员。掌握三维数字建模技能的人才在机械设计、模具设计、工业设计、计量测试、质量控制、建筑装潢设计等行业中具有较强的竞争力，三维数字建模技能对提高学生就业能力和尽快适应工作岗位具有重要作用。

任务 2　动画模型设计与制作（同类专业课程）课程标准

　　本任务是针对泛建筑可视化、数字艺术设计类的专业核心课。通过学习，希望能够培养出具有良好职业道德，精通三维模型创建、建筑动画模型制作的三维数字建模师；有独特的设计风格和鲜明的设计理念并精通建筑表现动画的数字漫游动画师。

　　本任务的教学目标是使学生了解有关 3ds Max 在泛建筑可视化、数字艺术设计三维模型创建中的相关知识，学会 3ds Max 基本建模方法，学会使用材质和贴图、创建灯光和摄影机，初步学会应用 3ds Max 工具制作出泛建筑空间效果图的基本技能。

依据工作任务完成的需要、职业学校学生的学习特点和职业能力形成的规律，按照"学历证书与职业资格证书嵌入式"的设计要求确定课程的知识、技能等内容。

依据各学习项目的内容总量以及在该门课程中的地位分配各学习项目的学时数。

动画模型设计与制作课程标准

任务3　虚拟现实（VR）设计与制作职业技能竞赛赛项标准

本赛项以虚拟现实内容制作行业典型项目为背景，以虚拟现实项目设计、虚拟现实模型制作、虚拟现实动画资源创建、虚拟现实交互实现为技术模块，以虚拟现实应用中的典型案例和虚拟现实技术应用专业的核心教学内容作为竞赛内容，竞赛方式和竞赛内容逐步对标世界技能大赛。通过竞赛，培养学生实践技能，提高学生职业素养，强化学生实践能力，检验学校人才培养成效；通过竞赛，为高职院校虚拟现实技术应用专业提供展示培养水平的平台，给参赛选手提供展示实践能力的平台；通过竞赛，营造崇尚技能的社会氛围，引领和促进专业建设和教学改革，提高学生操作技能和未来岗位的适应能力，为我国虚拟现实行业的发展提供高素质技能人才。

虚拟现实(VR)制作与应用职业院校技能大赛赛项规程

任务4　数字创意建模（1+X）职业技能等级证书考核标准

根据国务院制定出台的《国家职业教育改革实施方案》（简称"职教20条"）中深化复合型技术技能人才培养培训模式改革要求，教育部、发改委、财政部、市场监管总局联合印发《关于在院校实施"学历证书＋若干职业技能等级证书"制度试点方案》，部署启动"学历证书＋若干职业技能等级证书"（简称"1+X证书"）制度试点工作。"1+X证书"制度要求职业教育体系将学历证书与职业技能等级证书相结合，鼓励职业院校学生在获得学历证书的同时，积极取得各类职业技能等级证书，拓展就业创业本领，缓解结构性就业矛盾。

"1+X"中的"1"为学历证书，"X"为若干张职业技能等级证书。

"1"为学历证书：学历证书全面反映学校教育的人才培养质量。

"X"为若干职业技能等级证书：职业技能等级证书是职业技能水平的凭证，反映职业活动和个人职业生涯发展所需的综合能力。

以职业证书为切入点，引导应用型本科院校和职业院校培养实用型人才；通过政策引导、支持和监督，构建完善的职业证书制度，探索职业证书与学历证书的衔接；让企业和从业者更好地相匹配，让职业院校的教育更加符合社会对人才的需求。

（1）数字创意建模（1+X）职业技能等级证书标准要求

数字创意建模—职业技能等级标准

数字创意建模职业技能等级证书可以衡量持证人员将现实世界中的人、物及其属性通过专业软件转化为计算机内部可数字化呈现、调控和输出的几何形体的技能，体现持证人员的基础设计理论、审美能力、空间思维能力以及总体知识结构。证书主要面向虚拟仿真、数字媒体、影视、游戏、动漫、艺术设计、工业设计、建筑设计、室内设计、工艺美术等行业中的三维模型制作等岗位技能。（图1-35）

（2）数字创意建模（1+X）职业技能等级证书考核对象

数字创意建模—考核指导方案

数字创意建模职业技能等级理论考证的主要对象是全国中等职业学校、技工（技师）院校、高等职业学校、普通高等院校的数字创意建模相关专业的学生。主要考查相关专业方向考生的基础设计理论、审美能力、空间思维能力以及总体知识结构等，用以判断考生在本行业从业的适宜程度及发展潜力。

（3）数字创意建模（1+X）职业技能等级证书考核内容

数字创意建模—组织机构资源网站

根据行业要求与院校专业设置，数字创意建模理论考核不分方向。主要涉及设计基础理论、设计史、立体构成理论以及与模型构建相关的技术基础理论。考核的理论部分考查"创意"与"建模"的基础素质与潜在能力，其中涵盖了对于创造性思维与综合审美能力的考查。

数字创意建模实操考试划分为数字媒体、环境设计、产品艺术设计三个不同的方向，分别设定专业化的考核题目，使考核内容与该行业需求紧密接轨。

（4）数字创意建模（1+X）职业技能等级证书—环境设计方向考核内容

环境设计方向考核人居环境的建模及表现能力。

对应院校专业：建筑设计、室内设计、家具设计、环境艺术设计、景观造型设计等。

考试内容主要以运用3ds Max或SketchUp进行人居环境物体搭建并配合Vary渲染器进行效果表现为主，在规定时间内，围绕给定的设计图运用三维建模软件展开建模，赋予材质，灯光布置并进行渲染，以此来考核考生是否掌握项目的制作流程和技术。（图1-36）

数字

服务于数字领域
数字建模是数字内容的核心

数字产业既指互联网、影视游戏、VR等数字媒体行业，也包括文旅、医疗、建筑、工业等传统行业的数字领域拓展。

+

创意

强调设计和创意

数字产业既指互联网、影视游戏、VR等数字媒体行业，也包括文旅、医疗、建筑、工业等传统行业的数字领域拓展。

+

建模

职业技能

使用计算机三维软件制作数字模型的职业技能。

图 1-35　数字创意建模（1+X）职业技能等级证书考核标准要求

图 1-36　数字创意建模（1+X）环境设计方向考核内容

综合练习

　　下面提供三维建模泛建筑领域的"岗（三维数字建模师）、课（动画模型设计与制作）、赛（虚拟现实设计与制作）、证（数字创意建模）"相关的考核训练样题，供学习者参考训练。

（1）三维数字建模师职业岗位培养考核训练样题

　　下面结合职业岗位培养考核标准要求，提供课程考核训练理论和实操样题。

三维数字建模师考核训练—理论题

三维数字建模师考核训练—实操题

（2）动画模型设计与制作（同类专业课程）课程训练样题

下面结合泛建筑领域行业职业能力标准要求，提供课程考核训练理论和实操样题。

（3）虚拟现实（VR）设计与制作职业技能竞赛赛项模型训练样题

下面结合虚拟现实（VR）设计与制作职业技能竞赛赛项模型训练要求，提供该赛项的考核训练样题。

（4）数字创意建模（1+X）职业技能等级证书考核训练样题

下面结合数字创意建模（1+X）职业技能等级证书考核训练要求，提供该证书环境设计方向的考核训练样题。

模块二｜三维数字建模师
（职业岗位资格证书）

项目一　3ds Max 软件基础

项目描述

　　本项目介绍运用 3ds Max 在三维数字建模师（职业岗位资格证书）中有哪些作用和相应的操作。在 3ds Max 三维数字建模师的模块下分为居住空间设计模型创建、公共空间设计模型创建、建筑景观设计模型创建，在 3ds Max 建模软件的运用上又包含了模型创建和 VR 渲染插件两大部分。

学习要点

- 掌握多边形建模的思路。
- 掌握多边形对象的转换方法。
- 掌握编辑定点、边、面的方法。

任务 1　3ds Max 软件入门

课程内容

3ds Max 软件入门

　　本任务主要学习 3ds Max 软件的基础命令的一些应用范围，其中主要介绍 3ds Max 软件的界面、基础操作、基础命令、二维建模及三维复合建模的流程。

（1）3ds Max 界面基础

　　3ds Max 界面中主要包含菜单栏、命令面板、轨迹栏 / 时间滑块、动画关键点 / 播、控制区、视图导航控制区。（图 2-1）

（2）3ds Max 基础操作

　　3ds Max 的基础操作主要是了解建模方式及旋转、移动、缩放等命令快捷键，了解如何切换视口、添加基础模型等。（图 2-2、图 2-3）

（3）二维图形建模

　　在二维图形建模过程中，可以通过编辑样条线命令创建模型轮廓，再通过添加挤出（图 2-4、图 2-5）、扫描（图 2-6、图 2-7）、车削（图 2-8、图 2-9）等命令完成对模型的创建。此类建模方法多用于创建室内的门窗墙体、室外的道路及体块建筑等基础模型。

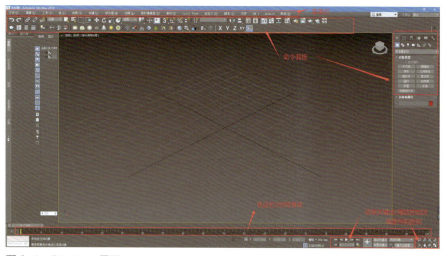

图 2-1　3ds Max 界面

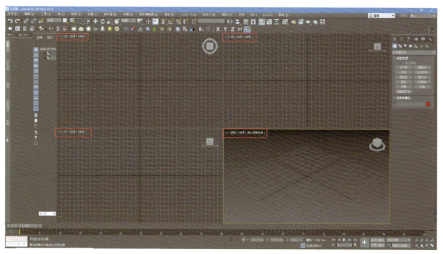

图 2-2　视图窗口

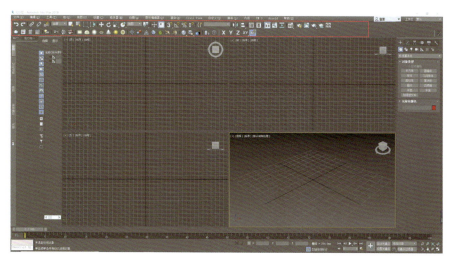

图 2-3　命令面板

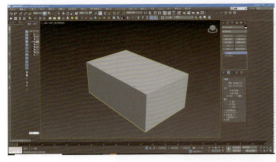

图 2-4　挤出方块

图 2-5　挤出星形

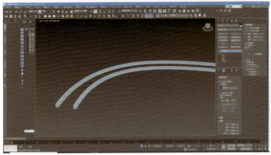

图 2-6　扫描铁轨

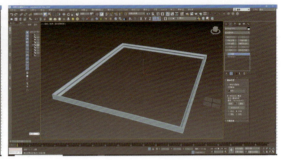

图 2-7　扫描画框

图 2-8　车削参考

图 2-9　车削模型

（4）三维复合建模

　　在三维复合建模过程中，可以通过修改基础模型的点、线、面来完成模型的创建，三维复合建模主要用于一些异形模型的创建，在创建过程中可以运用编辑多边形命令来对三维模型进行修改，此类建模方法多用于创建异形模型及模型深化。（图 2-10、图 2-11）

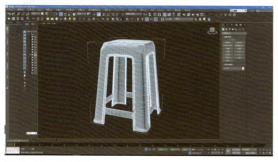

图 2-10　塑料凳

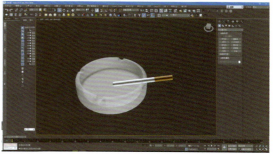

图 2-11　烟灰缸

课后小结

本任务学习了 3ds Max 软件中的一些基本知识和操作，在学习过程中要注意快捷键的操作和视图的切换及应用。熟悉了软件的基本操作之后，能大大提高建模速度及模型的精致程度。

操作练习

下面提供基础场景模型图示，根据操作练习提供的图示要求，运用几何体创建命令，完成图示场景创建。

操作练习
3ds Max 软件基础

任务 2　二维图形建模

课程内容

本任务主要讲解 3ds Max 软件的基础命令的一些应用，其中主要介绍 3ds Max 软件的二维图形建模及三维复合建模的过程及实际应用。

（1）编辑二维图形

在 3ds Max 软件中运用二维图形进行软件模型的创建（图 2-12）。以基础模型创建（图 2-13）、画框模型创建（图 2-14）、泡菜坛模型创建（图 2-15）为例，首先把需要创建模型的图片导入 3ds Max 视口中，用二维线条命令创建图形，并通过编辑样条线命令完成二维图形的调整。

（2）三维修改器运用

在调整完成的二维图形基础上，分别添加三维修改器（图 2-16）中的挤出（图 2-17）、扫描（图 2-18）、车削（图 2-19）命令，添加命令后会把二维图形创建为三维模型，调整相关命令参数，得到最终生成的模型，完成二维图形建模。

二维图形建模

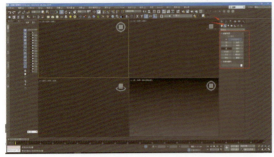

图 2-12　创建窗口

图 2-13　创建矩形

图 2-14　二维线条编辑

图 2-15　泡菜坛

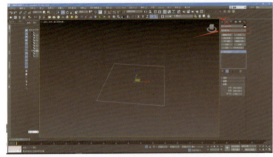

图 2-16　挤出

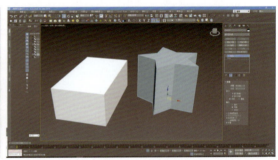

图 2-17　挤出

图 2-18　扫描

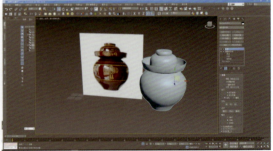

图 2-19　车削

课后小结

本任务学习了在有一定基础的情况下完成二维图形建模，其中分别运用了挤出、扫描、车削等命令，在处理完二维图形后，将得到相应的三维模型。注意要区分不同命令情况下二维图形产生的变化，需要按建模需要运用合适的三维修改器。

操作练习

下面提供二维图形建模练习的基础场景与图示，根据操作练习提供的图示要求，运用以上修改器命令，完成图示场景创建。

操作练习
二维图形建模

任务 3　三维复合建模

课程内容

本任务主要介绍在三维模型的基础上，运用各种三维修改命令完成复合模型的创建。

（1）布尔运算建模

布尔命令可以将两个物体模型通过相关参数的更改进行合并或者拆分，在运用布尔运算的时候，要注意选择合适的参数来完成建模。首先创建几个基础模型（图 2-20），通过对其中一个模型添加布尔命令，再选择其他模型完成模型创建。（图 2-21）

（2）编辑多边形建模

编辑多边形建模指的是通过编辑基础模型的点线面等方式完成模型的创建。下面以塑料凳子的模型创建为例，首先创建一个基础的长方体，注意分段数量的调整，添加编辑多边形命令后，通过编辑长方体的点线面一步一步完成模型的创建。（图 2-22—图 2-25）

图 2-20　布尔运算

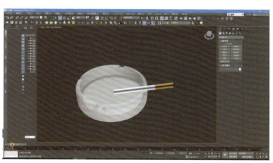

图 2-21　烟灰缸

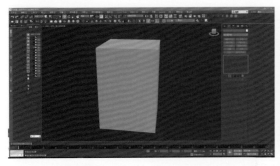

图 2-22 基础模型

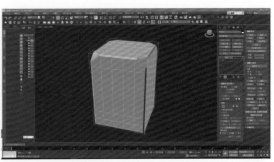

图 2-23 编辑多边形

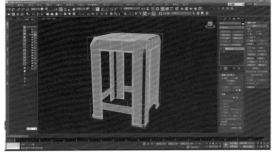

图 2-24 基础模型

图 2-25 塑料凳子

操作练习
三维复合
建模

综合练习

课后习题

课后小结

本任务主要学习了三维复合模型创建，运用了其中部分创建命令，分别为布尔运算、编辑多边形、锥化、壳等命令。在创建模型的过程中要合理运用各个模型的创建方法，提升模型创建的效率。

操作练习

下面提供三维复合模型创建练习的基础场景与图示，根据操作练习提供的图示要求，运用以上修改器命令，完成场景创建。

综合练习

下面提供两个模型创建的综合练习的基础图示，根据图示要求完成模型创建。模型创建过程中，需要注意挤出、扫描、车削等命令是针对二维图形的修改命令，布尔运算、编辑多边形、锥化等是针对三维图形的修改命令，需要厘清模型创建思路，灵活运用修改命令，提高模型创建效率。

课后习题

下面提供两个简单的室内模型创建课课后习题文件及参考图示，根据参考图示要求完成图示模型创建。在模型创建过程中，尽量遵循从整体到细节的建模思路，按照基础墙体→地面、天棚吊顶→家具陈设的顺序完成模型创建，要灵活地结合二维模型创建与三维复合模型创建两者来完成创建。

项目二　建筑物效果图制作

本项目介绍在三维数字建模师（职业岗位资格证书）中的建筑物效果图制作方法，建筑物效果图的制作是三维数字建模师（职业岗位资格证书）的学习内容之一，同时在日常生活中也有非常广泛的用途。

学习要点

● 掌握建筑物建模的思路，在建筑模型创建的时候，我们应该由简单到复杂、由下至上。

● 掌握二维图示建模及三维复合建模方法。

任务 1　基础模型创建

课程内容

在前面学习内容的基础上，通过各种建模基础命令完成模型创建，在这里先介绍一下基础模型创建方法。

基础模型创建

（1）单体建模基础模型创建

在 AutodeskCAD 中处理好单体建筑模型的平面及立面图后，导入 3ds Max 中，然后在场景中检查是否有断开的地方，经过检查无误后添加挤出等修改命令，调整至合适的参数；通过相同的方式完成基础模型的创建。（图 2-26—图 2-29）

（2）建筑门窗及配件创建

在创建建筑门窗之前应该确定门窗的尺寸，检查建筑基础模型上预留门洞和设计图纸上的尺寸是否一致，建筑门窗的创建方法和基础模型创建方法基本一致。首先处理 AutodeskCAD 文件，处理文件后导入 3ds Max 中，通过扫描、挤出、编辑多边形等命令完成门窗及配件的创建。（图 2-30—图 2-33）

（3）景观地形创建

在 3ds Max 中地形的创建方法有很多种，这里主要介绍两种：一种是沿等高线挤出（图 2-34），另一种是软件中自带的地形命令生成地形（图 2-35）。

图 2-26　导入 CAD

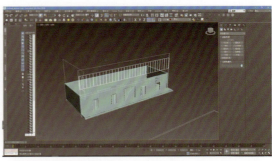

图 2-27　基础模型

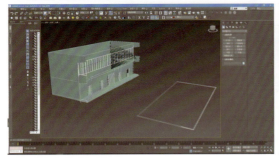

图 2-28　基础模型

图 2-29　完成创建

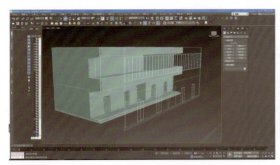

图 2-30　导入 CAD

图 2-31　创建窗框

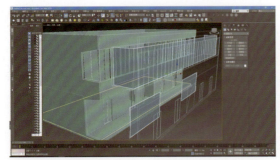

图 2-32　创建玻璃

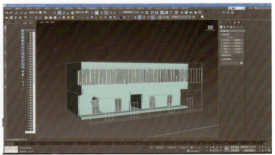

图 2-33　创建完成

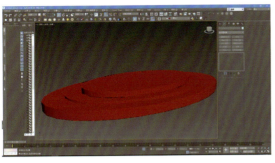

图 2-34　沿等高线挤出　　　　　　　　图 2-35　地形命令生成

沿等高线挤出的地形形态为阶梯状，自带地形命令生成的地形为平滑状。沿等高线挤出地形对文件处理要求不高，但是模型过于概念化，效果制作稍显烦琐；自带地形命令生成地形对文件处理要求稍高，破面较多，后期处理比较麻烦。在适合自己的模型地形创建出来以后，把建筑模型合并到地形场景中。

课后小结

　　本任务学习了三维数字建模师（职业岗位资格证书）的建筑物效果图制作方法中的模型创建，模型的创建需要注意单位的统一及尺寸规范化。

操作练习

　　下面提供基础模型创建的练习文件，在建模的过程中要多注意尺寸的问题，注意场景中单位的统一性。

操作练习
基础模型创建

任务 2　材质、灯光编辑

课程内容

　　在模型创建完成后，我们通常称这个模型为素模，目前模型是没有材质的，本任务主要学习模型的材质及灯光的编辑。这个环节会使目前的效果图完成度更高，且场景更丰富和真实。

材质、灯光
编辑

（1）单体建筑材质创建

　　材质创建之前，需要先在 3ds Max 中安装 VR 渲染器，安装完成之后在 3ds Max 界面打开"材质编辑器"，点击最下方的贴图，依次点击"漫反射""无""位图""选择贴图""打开""构建长方体""将材质指定给选定对象""视口中显示明暗处理材质"。这样，一个单体建筑模型材质就创建完成了。（图2-36、图2-37）

（2）灯光创建与参数优化

打开 3ds Max 场景，将视窗切换为最大视窗，因为筒灯最后照亮的是墙壁，所以我们首先切换到前视图 front，点击 F 快捷键直接切换。找到修改面板灯光按钮，将灯光下拉参数切换到 Photometric 光度学灯光选项。选择 Target Light 目标灯光，在场景中从上往下地创建一光度学目标灯光，右击结束创建。将过滤选择为灯光 light，不断切换视窗（top，front，left，camera）对灯光的位置进行调节，直到到达合适的位置。去到灯光面板，选择灯光阴影类型（如果是默认渲染器就选默认的 shadow map，如果是 VRay 渲染器，就选择 VRayShadow），将下面的灯光类型切换到 Photometric 光度学 web 灯光。打开我们的光域网文件，查看筒灯灯光类型，选择自己需要的类型。选择下面 Choose Photometric File 光度学文件路径，打开需要的光类型对应的图示文件。调节灯光的颜色和强度，室内一般为暖色调，强度适合就行，不需要太大，容易曝光，需要不断渲染调整来测试，最后达到理想的状态。注意灯不能镶嵌到物体里，否则灯不亮。注意灯光目标点的位置，一般需倾斜点。（图2-38、图2-39）

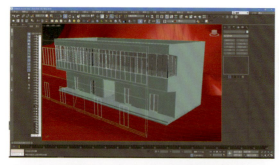

图 2-36　贴图前

图 2-37　贴图后

图 2-38　创建灯光前

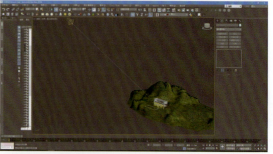

图 2-39　创建灯光后

课后小结

本任务学习了模型创建完成后的材质和灯光创建，要注意材质的 UV 尺寸及灯光创建参数，灯光不宜过强。

操作练习

下面提供材质灯光编辑的练习文件，材质赋予时注意材质的 UV 尺寸及材料的统一性，在创建灯光时应当注意灯光参数等问题。

操作练习
材质、灯光编辑

任务 3　摄像机设置与渲染

课程内容

本任务主要介绍摄像机的创建与渲染设置。摄像机在整个场景中起到固定视角的作用，一个好的摄像机能提升场景的美感以及场景后期的难易程度，摄像机渲染出图的设置影响最终效果呈现。

摄像机设置与
渲染

（1）摄像机设置

打开 3ds Max 场景，选择合适的角度，在创建面板中选择创建摄像机，然后在四个视图中调整摄像机的位置以及参数，完成摄像机的创建。（图 2-40、图 2-41）

（2）渲染器设置与图像渲染

第一步：打开渲染设置，点击公用部分，设置输出图片大小，网上用的图片设置 3 000 点左右，印刷用的需要适当调大比例，1.724 的比例看起来是横向的，较为好看。

第二步：进入 VRay 编辑，帧缓存（启用内置帧缓冲区）、图像采样（最小着色率：6，随数值提高渲染质量以渲染时间长）、图像过滤（打钩：图像过滤器，选择 VRayLanczosFilter）、块图像渲染器（最大细分：噪波阈值0.001、渲染块宽48）、颜色贴图（类型：莱茵哈德、伽马2.2；打钩：子像素贴图 / 影响背景 / 钳制输出；模式：颜色贴图和伽马；倍增和加深值根据画面亮度调）。

第三步设置 GI：全局光照开启，首次引擎暴力计算（适合电脑配置强用，作画光影关系更合理，但不好选择发光贴图）；二次引擎灯光缓存，数值设置细分 3 000（图画多大设置多大，常用 15 00~3 000）。

第四步：动态内存限制（建议调大）；缓存大小（建议调大）。

第五步：设置渲染 ID；设置降噪器（默认和强烈都可以）。（图 2-42、图 2-43）

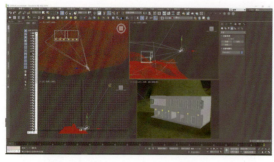

图 2-40　创建摄像机

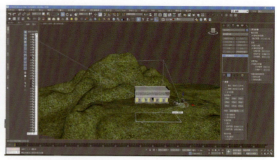

图 2-41　创建摄像机

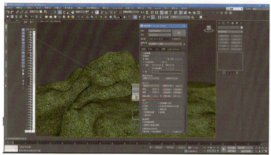

图 2-42　渲染设置

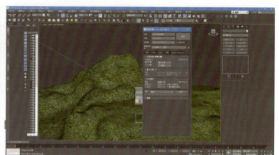

图 2-43　渲染设置

课后小结

　　本任务学习了在场景中创建摄像机及后期渲染，要注意摄像机的角度及渲染参数的设置。

操作练习
摄像机设置
与渲染

操作练习

　　下面提供摄像机设置与渲染的练习文件，在设置摄像机的时候要注意角度与渲染器参数。

综合练习

综合练习

　　下面提供一个单体模型创建的课后习题文件及参考图示，根据参考图示要求完成图示模型创建，在模型创建过程中，尽量遵循从整体到细节的建模思路。

项目三　后期图像处理

本项目介绍运用 Photoshop 在三维数字建模师（职业岗位资格证书）中有哪些作用和相应的操作课程，主要培养学生的图像处理能力，并使学生在掌握图形图像处理基础知识的情况下，能自主创意创新作品，提高审美能力。本项目在整个教学过程中起着承前启后的作用。一方面是对前面的素描、色彩等基础课程的总结，以及将基础课程在设计实务上进行首次应用。另一方面是对后面表现技法等课程的提前演练。该课程是艺术设计专业的必修课，结合 AutoCAD、3ds Max 等软件还可进行建筑动画与模型的后期制作等。

学习要点

● 了解和掌握 Photoshop 的软件面板、常用工具、常用命令，以及图形图像的基本处理、传输、打印等知识。

● 熟练运用 Photoshop 绘制彩色平面图、立面图以及对建筑景观室内效果图进行后期处理。

任务 1　图像处理软件基础

课程内容

在 Photoshop 中，首先要认识此软件的基本界面，本任务主要介绍基础命令界面。

（1）Photoshop 基本概念和操作基础

新建画布可以在菜单栏中找到【文件】/【新建】，或者直接按快捷键【ctrl】+【N】，这里大家得记住，打印时分辨率用 300 ppi，颜色模式选择 RGB；显示时分辨率用 72 ppi（数值越大图像越清晰），颜色模式选择 CMYK。基本界面的打开不是指打开 ps，而是指打开文件。同样我们可以在菜单栏中找到【文件】/【打开】，或者按快捷键【ctrl】+【O】，除了这种方法，还有两种方法：第一种是在电脑里选中需要打开的文件点击并拖拽至 ps 图标上，然后移动到菜单栏或属性栏后方；第二种是双击空白工作区，就会出现文件夹的页面，选择所需文件打开即可。（图 2-44）

图像处理软件基础

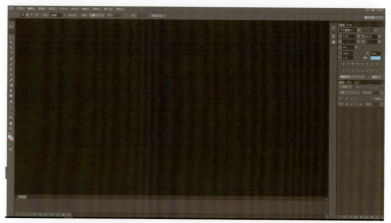

图 2-44　Photoshop 窗口

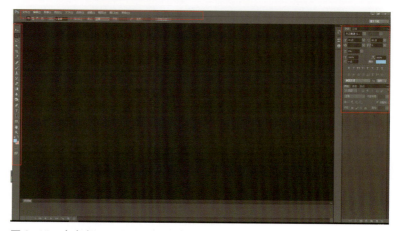

图 2-45　命令窗口

（2）软件常用工具

重点：软件的常用工具、常用命令以及各种图形图像的理论概念。

难点：利用各种工具解决常见实际问题的方法。

课后小结

本任务学习了 Photoshop 的基础操作，如软件的常用工具、常用命令，以及利用各种工具解决常见实际问题。

操作练习
图像处理软
件基础

操作练习

下面提供一个基础命令运用的习题，在运用基础命令的时候多运用快捷键来操作，提高作图效率。

任务 2 图像调整初步

课程内容

在 Photoshop 中，色彩的调整是非常重要的，在调整场景的时候，统一场景的色彩，这样整个场景才会有更协调的感觉。

图像调整
初步

（1）色彩、明暗、清晰度、色彩平衡

色相 / 饱和度是 Photoshop 中最重要的调整颜色命令，广泛运用于图像处理当中。只需按键盘上的 Ctrl+U 键，就可以调出此工具（图 2-46）。色阶是表示图像的高光、中间调和暗调分布情况，并且能对其进行调整的工具（图 2-47）。色阶打开的方法有两种：一种是在"图像 / 调整"中选择"色阶"命令；另一种是按键盘上的快捷键 Ctrl + L 进行调用。当一幅图像的三种颜色分布失衡后，我们可以利用色阶面板进行调整。色彩平衡（图 2-48）和色阶效果类似，按 Ctrl+B 键即可调出命令窗口。使用"曲线"命令可以对图像的色彩、亮度以及对比度进行更加综合和灵活的调整，也可以使用单色通道对图片进行单一颜色的调节。打开曲线面板（图 2-49）的方法有两种：一是找到"图像 / 调整 / 曲线"命令；二是按 Ctrl + M 键进行调出。

（2）图像文字的编辑调整

文字工具有三类：横排文字工具，单击 T 按钮，在打开的图像窗口中单击，光标闪烁的位置就是文字输入的起始端（图 2-50）；竖排文字工具，单击 T 按钮，在打开的图像窗口中单击，即可创建竖排文字（图 2-51）；路径文字工具，首先要使用钢笔工具勾画出一条路径，然后选择文字工具，将光标置于路径位置，单击鼠标左键，就会发现光标在路径上闪烁，这时输入文字，文字就会沿路径编排（图 2-52）。

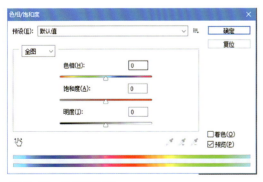

图 2-46 色相饱和度

图 2-47 色阶

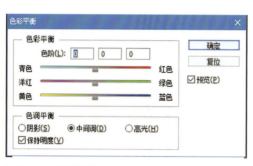

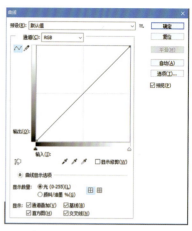

图 2-48　色彩平衡　　　　　　　　　　图 2-49　曲线

图 2-50　横排文字

图 2-51　竖排文字

图 2-52　钢笔工具文字

课后小结

　　本任务学习了 Photoshop 中的色彩调整及文字的制作，运用不同命令有不同的效果。横排文字和竖排文字是比较基础的命令，可以在使用过程中尝试路径文字工具沿线生成文字效果，软件运用应当多做尝试。

操作练习

　　下面提供了一个文字创建的习题，根据参考文件作出相应效果，在做的时候可以尝试不同方法，产生不同的效果。

操作练习
图像调整
初步

任务 3　配景添加与优化

课程内容

　　本任务主要学习将原有的场景配景素材导入场景中。

　　建筑外观效果着眼于建筑的整体效果以及环境的表现，其表现的手法和室内效果图有一定的不同。对于建筑外观的评价，最重要的一点就是"型"，所以色彩以及渲染相对就不那么重要了，在后期处理上，由于室外反映的场景较大，所以一般情况下会加很多配景。（图2-53、图2-54）

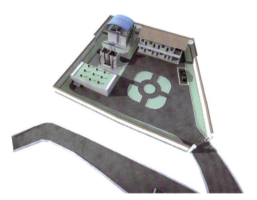

图 2-53　景观后期效果图

图 2-54　景观后期效果图

配景添加与
优化

课后小结

　　本任务学习了在 Photoshop 中图像文件的配景文件添加，在做的过程中要注意色彩的统一。

操作练习
配景添加与
优化

操作练习

　　下面提供一个景观配景导入的习题，在放置植物的过程中注意远近关系以及色彩的色相饱和度，注意素材重叠关系。

综合练习

综合练习

　　下面提供了一个室内外效果图后期处理的综合习题，综合运用前面学习的课程来完成本次练习，练习过程中注意素材的重叠关系及色相明度等。

模块三｜动画模型设计与制作
（同类专业课程）

项目一　3ds Max 模型创建

在 3ds Max 中有非常多的建模方法，如标准基本体建模、复合对象建模、二维图形建模、面片建模、NURBS 建模等，面对如此多的建模方法，应充分了解每个方法的优势和不足，掌握其特点及使用对象，选择最合适的创建方法。在具体案例中，主要用基本体建模、编辑多边形、石墨工具、涡轮平滑等建模方法。

学习要点

- 掌握堆叠式建模，熟练运用几何体的编辑和样条线的编辑。
- 掌握编辑多边形建模方法。
- 掌握 3ds Max 中高级建模命令的运用。

任务 1　3ds Max 建模基础

课程内容

3ds Max 建模方法多种多样，首先从基础的建模方法进行学习。如编辑样条线、标准几何体建模，较复杂的模型运用的命令有编辑多边形、石墨工具等。

（1）堆叠式建模

在堆叠式建模过程中，通过样条线命令和几何体来完成建模创建。（图 3-1）

（2）编辑多边形建模

编辑多边形在建模过程以及流程中运用最广泛，是通过编辑基础模型的点线面等方式完成模型的创建。（图 3-2）

（3）石墨工具建模

石墨建模工具实际上就是内置了 Polyboost 的模块，把多边形建模工具向上提升到全新层级，便于建模。（图 3-3）

3ds Max
建模基础

图 3-1 办公桌模型

图 3-2 杯子模型

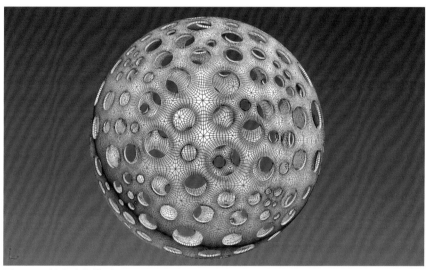

图 3-3 镂空球体模型

课后小结

本任务运用了编辑样条线、标准基本体（长方体）、编辑多边形和石墨工具等方法，在创建模型的过程中要合理运用各个模型的创建方法，提升模型创建的效率。

操作练习

下面提供了一个三维模型创建的习题。关于三维建模的学习，不仅要掌握各个建模命令的方法，还要注重创建思路。

操作练习
3dsMax 建
模基础

任务2　3ds Max 家具建模

3ds Max
家具建模

课程内容

本任务主要学习家具建模的方法，以欧式茶几、欧式沙发以及中式椅子的创建为例，在里面运用了扫描、车削、编辑样条线、编辑多边形、涡轮平滑等命令。结合模型要求选择更合理的命令来创建。

（1）欧式茶几建模

运用扫描、车削、编辑样条线等命令来创建欧式茶几模型，在创建模型的同时注意几个命令相互运用。（图3-4、图3-5）

（2）欧式沙发建模

用编辑多边形、涡轮平滑命令创建欧式沙发模型。（图3-6）

（3）中式圈椅建模

本节课程当中运用了编辑样条线、缩放等相关命令来创建中式椅子。（图3-7）

图3-4　欧式茶几1

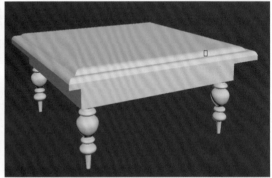

图3-5　欧式茶几2

图3-6　欧式沙发模型

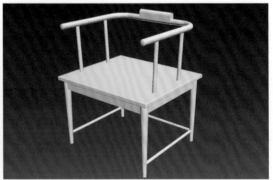

图3-7　中式椅子模型

课后小结

在本任务的学习中，运用了编辑样条线、扫描、车削、编辑多边形等命令，在创建模型的过程中要合理运用各个模型的创建方法，提升模型创建的效率。

操作练习
3dsMax 家
具建模

操作练习

下面提供了一个三维模型创建的习题。关于建模的学习，不仅要掌握各个建模命令的方法，还要注重创建思路。

综合练习

下面提供了两个模型创建的习题。关于模型创建的学习，需要多了解相关命令的运用以及何种模型该运用何种命令，提高模型完成效率。

综合练习

课后习题

下面提供了两个创建简单室内模型的习题。关于创建简单室内模型的练习，要综合利用三维模型创建方法及家具模型创建方法来完成创建。

课后习题

项目二　VRay for 3ds Max 材质\灯光\渲染

项目描述

　　VRay for 3ds Max 是一款能够在多种三维程序环境中运行的强大渲染插件，能带来优秀的全局光照明系统，是一种结合了光线跟踪和光能传递的渲染器，其真实的光线计算能创建专业的照明效果。VRay 还拥有强大的焦散效果，HDRI 动态贴图渲染，高效的渲染速度和简易的参数设置界面。

　　VRay 不仅是一个渲染系统，它还拥有独立的材质和灯光系统，合理搭配 VRay 提供的灯光、材质和渲染器可以制作出美妙绝伦的效果。VRayMtl 是 VRay 专有材质中最通用的材质类型，合理设置该材质类型中的各种参数可以模拟出自然界中各种类型的效果。

学习要点

- 掌握 VRay for 3ds Max 渲染器基本设置。
- 掌握 VRay for 3ds Max 材质设置与运用。
- 掌握 VRay for 3ds Max 灯光设置与运用。

VRay 插件基础

任务 1　VRay 插件基础

课程内容

　　本任务讲解 VRay 渲染器在 3ds Max 中如何运用，即如何在场景中设置恰当的渲染设置。主要分为 3 个部分，渲染器的认识、测试渲染的设置以及最终渲染出图设置，这都需要结合场景进行设置，不同的场景对渲染器设置也有不同的要求。

（1）VRay for 3ds Max 渲染器界面

　　本任务介绍渲染器界面，选择渲染命令开启渲染设置对话框，在公用菜单栏的指定渲染器卷展栏中指定 VRay 为当前渲染器。渲染设置对话框自动生成 VRay 渲染器参数设置面板，包括 VR 基项、VR 间接照明、VR 设置，通过这些卷展栏即可设置各种渲染参数。（图 3-8—图 3-10）

（2）VRay for 3ds Max 测试渲染

　　本任务学习在项目场景中设置渲染器参数，生成渲染器参数设置面板后，再根据项目场景需要在【输出大小】预设测试图像纵横比，在 VR 基项中【图像采样器】类型选择固定，在【环境】卷展栏下勾选全局照明环境（天光）覆盖，并调选场景所需的颜色及亮度。在间接照明（GI）卷展栏下勾选（开）并在【环境阻光】（AO）卷展栏下勾选（开）并设置相关参数，同时在【首次反弹】卷展栏下选择发光图，并设置测试渲染参数，最后在【二次反弹】卷展栏下选择灯光缓存，并设置测试渲染参数。（图 3-11—图 3-15）

图 3-8　指定渲染器界面

图 3-9　选择渲染器界面

图 3-10　VRay 渲染器设置修改栏

图 3-11　VRay 界面

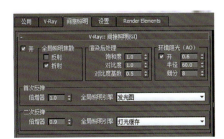

图 3-12　间接照明设置栏

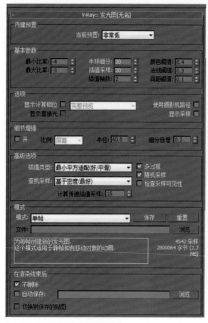

图 3-13　发光图设置栏　　　　　　　图 3-14　灯光缓存设置栏

图 3-15　VRay 测试渲染器设置渲染效果

（3）VRay for 3ds Max 最终渲染

　　在项目文件中各项数据调试完成后需要最终输出高质量的效果图，那么就需要设置相关最终输出参数。在最终渲染前首先进行一次【发光图】【灯光缓存】预设及计算保存文件，此操作是为了节省最终渲染输出时间。（图 3-16—图 3-20）

图 3-16 VRay 公用最终渲染设置

图 3-17 VRay 图像采样器最终渲染设置

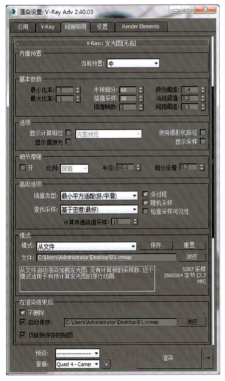

图 3-18 VRay 发光图最终渲染设置

图 3-19 VRay 灯光缓存最终渲染设置

图 3-20　VRay 最终渲染设置渲染效果

课后小结

　　在本任务的学习中，应掌握渲染器设置，根据场景需要进行设置相关参数，在最终渲染出图的时候根据项目的要求进行最终渲染参数设置。

操作练习
VRay 插件
基础

操作练习

　　下面提供了一个三维场景案例。关于渲染器的设置，不仅要掌握各个参数，还要注重将项目场景的需要和渲染器结合运用。同时注意 VRay 渲染器测试渲染、VRay 最终渲染的运用。

任务 2　VRay 材质编辑

VRay 材质
编辑

课程内容

　　本任务学习 VRay 材质编辑，对 3ds Max 标准材质和 VRay 材质界面要有一定的认知，同时对材质属性进行了解并设置出相应的材质参数。对于材质贴图要注重贴图的真实性，这里就需要调试材质参数和控制贴图纹理大小。

（1）材质基础

　　本任务讲解材质编辑器界面及标准材质运用。点击材质编辑器按钮，弹出 Slate 材质编辑器界面，在【模式】卷展栏下点击精简材质编辑器，即可转换

精简材质编辑器界面。以标准材质"水""木地板"材质为例进行讲解。（图3-21—图 3-27）

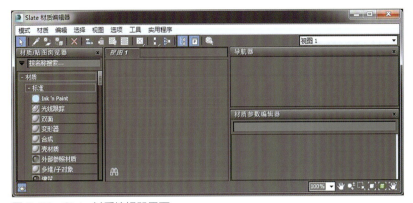

图 3-21 Slate 材质编辑器界面

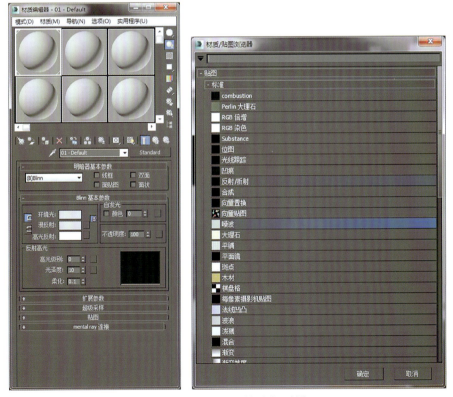

图 3-22 材质编辑器标准材质球界面 图 3-23 材质贴图浏览器

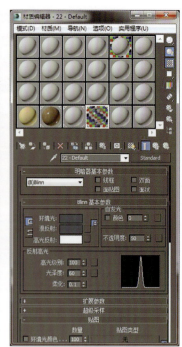

图 3-24　标准材质球木纹设置　　图 3-25　标准材质球木纹裁剪设置　图 3-26　标准材质球水纹设置

图 3-27　标准材质球水纹木纹设置渲染效果

（2）VRay 复合材质

　　VRay 混合材质实现的效果是可以将多种材质进行叠加，呈现一种混合材质的效果。

"基本材质"是指指定被混合的第一种材质。"镀膜材质"是指指定被混合在一起的其他材质。"混合数量"是指设置两种以上两种材质的混合度。当颜色为黑色时，会完全显示基础材质的漫反射颜色；当颜色为白色时，会完全显示镀膜材质的漫反射颜色；颜色也可以利用贴图通道来进行控制。（图 3-28—图 3-31）

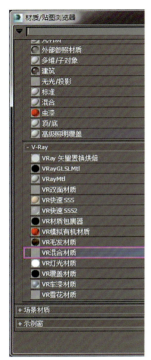

图 3-28　VRay 材质贴图浏览器　　图 3-29　VRay 混合材质界面　　图 3-30　VRay 混合材质 / 基本材质 / 镀膜材质设置

图 3-31　VRay 混合材质设置效果

（3）VRay 材质

VRay Mtl 是 VRay 专有材质中最通用的材质类型，合理设置该材质类型中的各种参数可以创建出自然界中各种类型的材质效果，该材质能够获得更加准确的物理照明，更快地进行效果渲染，反射和折射参数的调节也很方便，同时，使用 VRay Mtl 还可以应用不用的纹理贴图，控制其反射和折射参数，增加凹凸贴图、衰减变化等效果。下面以"白色乳胶漆""木材""瓷砖""金属""玻璃""岩石"材质为例进行讲解。（图 3-32—图 3-35）

图 3-32　VRay 材质贴图浏览器　　图 3-33　VRayMtl 设置界面　　图 3-34　VRayMtl 材质贴图设置界面

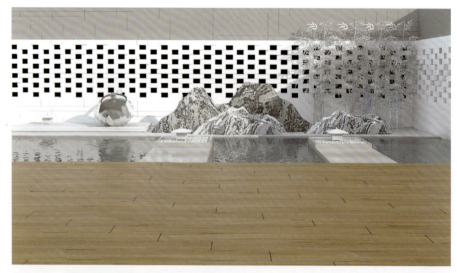

图 3-35　VRayMtl 材质贴图设置渲染效果

课后小结

本任务主要学习了 VRay 材质及标准材质的运用，以及材质编辑器相关材质球的属性设置。

操作练习

下面提供了一个三维场景案例，注意材质贴图参数设置，最终完成配套练习题要求。

操作练习

任务 3 VRay 灯光编辑

课程内容

本任务学习灯光创建，3ds Max 中有三大类灯光，其中有标准灯光、光度学、VRay 灯光。其中 VRay 灯光在 3ds Max 是最常用的灯光，在创建的时候也相对简单，参数设置并不复杂，但要把场景灯光制作好还需要一定的练习才能灵活地使用。

VRay 灯光
编辑

（1）标准灯光

3ds Max 标准灯光有很多种，这里说一下用得最多的三种类型，分别是聚光灯、泛光灯、平行光。不同类型灯光的发光方式不同，所产生的光照效果也不同。（图 3-36—图 3-41）

图 3-36 标准灯光界面

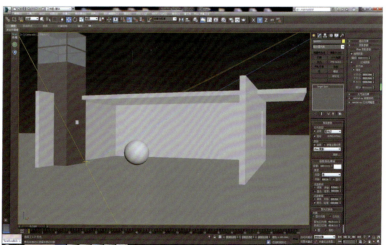

图 3-37 标准灯光聚光灯设置

59

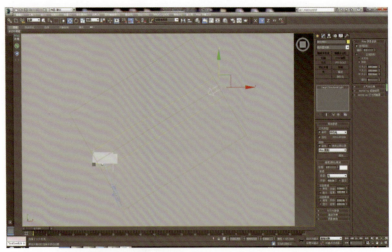

图 3-38　标准灯平行光顶视图设置

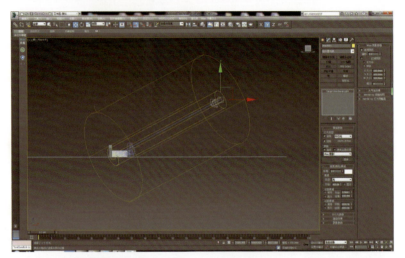

图 3-39　标准灯平行光前视图设置

图 3-40　标准灯泛光灯顶视图设置

图 3-41 聚光灯、泛光灯渲染效果

（2）光域网灯光

光域网是一种关于光源亮度分布的三维表现形式，储存于 IES 文件当中。光域网是灯光的一种物理性质，确定光在空气中发散的方式，不同的灯，在空气中的发散方式是不一样的，比如手电筒、壁灯、射灯等，他们发出的光各有不同形态。

在 3ds Max 中目标灯光即是应用于光域网，在效果图中可以呈现各种样式的灯光。（图 3-42—图 3-45）

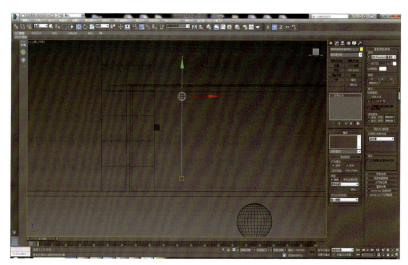

图 3-42 光度学灯光界面　图 3-43 光度学目标灯光前视图设置

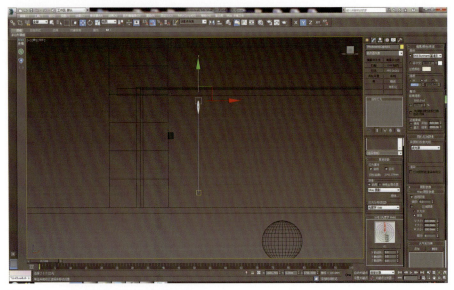

图 3-44　光度学目标灯光光域网设置

图 3-45　光度学目标灯光光域网渲染效果

（3）VRay 灯光

　　VRay 灯光，是 VRay 渲染器自带光源中的常用光源，包括 VRay 灯光和
VRay 阳光。在效果图制作中 VRay 灯光是常用光源，比如灯带、模拟自然光源等，
同时 VRay 灯光的参数设置也很简单。（图 3-46—图 3-50）

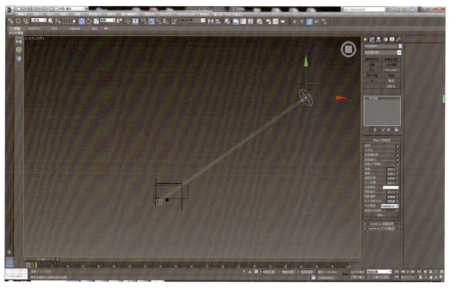

图 3-46 VRay 太阳顶视图设置

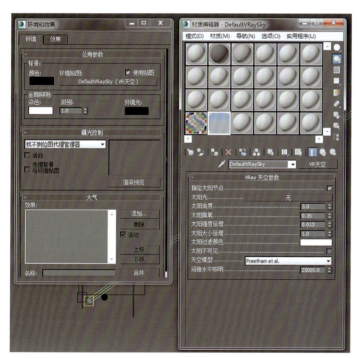

图 3-47 VRay 环境和效果界面添加 VR 天空及参数设置

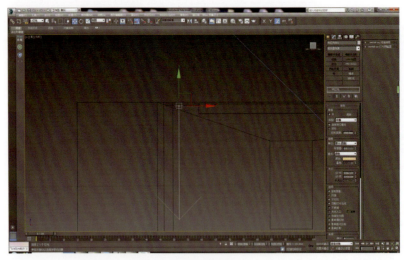

图 3-48　VRay 灯光面光源前视图及参数设置

图 3-49　VRay 灯光球体光源顶视图及参数设置

图 3-50　VRay 灯光设置渲染效果

课后小结

　　任务主要学习了 VRay 灯光及光域网，包括 VRay 面光源、光域网、泛光灯、聚光灯等知识。

操作练习
VRay 灯光
编辑

操作练习

　　下面提供了一个三维场景案例，在灯光使用过程中注意 VRay 灯光和光域网灯光设置参数，最终完成配套练习题要求。

综合练习

综合练习

　　下面提供了两个三维场景模型的习题，关于 VRay 灯光编辑、材质的学习，参数并不是一成不变的数值，而是根据场景实际需要调整参数。

课后习题

　　下面提供了两个创建三维客厅灯光、材质、渲染习题，在创建过程中注意灯光的参数设置并综合运用 VRay 灯光、材质及渲染知识。

课后习题

项目三　SketchUp 模型创建

本项目介绍 SketchUp 在动画模型设计与制作中的应用和相应的操作，其主要作用是帮助设计师快速建模。

SketchUp 辅助设计工具包括模型显示样式、标准工具、建筑施工工具、视图操控工具、剖面工具、图元删除工具等。

● 掌握 SketchUp 建模的思路，熟悉 SketchUp 界面、快捷键的使用。

● 掌握模型修改方法，以及用线工具将一个面划分为多个面分别进行推拉，并给模型赋予材质。

● 掌握场景模型的制作流程及异形模型的创建方法

任务 1　SketchUp 建模基础

SketchUp
建模基础

在制作模型前，首先要明白建模的重要性、建模的思路以及建模的常用方法等，只有掌握了这些最基本的知识，才能在创建模型时得心应手。

（1）SketchUp建模基础

打开SketchUp图标，根据项目要求选择模板，通常情况下选择"建筑设计—毫米"为单位。（图 3–51）

① SketchUp 软件主界面中主要包含标题栏、菜单栏、工具栏、绘图区、状态栏、数值控栏、默认面板。（图 3–52）

标题栏：标题栏（在绘图窗口的顶部）包括右边的标准窗口控制（关闭，最小化，最大化）和窗口所打开的文件名。开始运行 SketchUp 时名字是未命名，说明你还没有保存此文件。

菜单栏：菜单出现在标题栏的下面。包含大部分 SketchUp 的工具、命令和菜单中的设置。默认出现的菜单包括文件、编辑、查看、相机、绘图、工具、窗口、扩展程序和帮助。

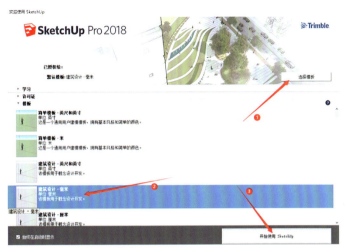

图 3-51　SketchUp 启动界面

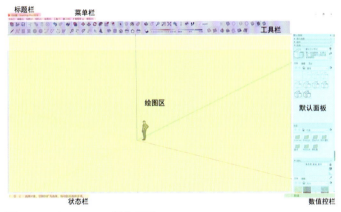

图 3-52　SketchUp 操作界面

　　工具栏：工具栏出现在菜单的下面，左边的应用栏包含一系列用户化的工具和控制。

　　绘图区：在绘图区编辑模型。在一个三维的绘图区中，可以看到绘图坐标轴。

　　状态栏：状态栏位于绘图窗口的下面，左端是命令提示和 SketchUp 的状态信息。这些信息会随着绘制的东西而改变，但是总的来说是对命令的描述，提供修改键和它们怎么修改的。

　　数值控制栏：状态栏的右边是数值控制栏，数值控制栏显示绘图中的尺寸信息，也可以接受输入的数值。

　　默认面板：默认面板包含图元信息、组件、风格、材料、图层、场景、工具向导、柔化边线八部分组成。

②SketchUp 的工具栏和其他应用程序的工具栏类似。可以游离或者吸附到绘图窗口的边上，也可以根据需要拖曳工具栏窗口，调整其窗口大小。

标准工具栏：标准工具栏主要是管理文件、打印和查看帮助。包括新建、打开、保存、剪切、复制、粘贴、删除、撤销、重做、打印和用户设置。(图 3-53)

图 3-53　标准工具栏

编辑与主要工具栏：主要是对几何体进行编辑的工具。编辑工具栏包括移动复制、推拉、旋转工具、路径跟随、缩放和偏移复制。主要工具栏包括选择、制作组件，填充和删除工具。（图 3-54）

图 3-54　编辑与主要工具栏

绘图与建筑施工工具栏：进行绘图的基本工具。绘图工具栏包括矩形工具、直线工具、圆、圆弧、多边形工具和徒手画笔。建筑施工工具栏包括测量、尺寸标注、角度、文本标注、坐标轴和三维文字。（图 3-55）

图 3-55　绘图与建筑施工工具栏

相机工具栏：用于控制视图显示的工具，相机工具栏包括旋转、平移、缩放、框选、撤销视图变更、充满视图和上一个视图、定位相机、绕轴旋转和漫游。（图 3-56）

风格工具栏：风格工具栏控制场景显示的风格模式。包括 X 光透视模式、线框模式、消隐模式、着色模式、材质贴图模式和单色模式（图 3-57）

图 3-56　相机工具栏　　　　　　　图 3-57　风格工具栏

视图工具栏：切换到标准预设视图的快捷按钮。底视图没有包括在内，但可以从查看菜单中打开。此工具栏包括等角视图、顶视图、前视图、左视图、右视图和后视图。（图 3-58）

图层工具栏：提供了显示当前图层、了解选中实体所在的图层、改变实体的图层分配、开启图层管理器等常用的图层操作。（图 3-59）

图 3-58　视图工具栏　　　　　　　图 3-59　图层工具栏

　　阴影工具栏：提供简洁的控制阴影的方法。包括阴影对话框、阴影显示切换以及太阳光在不同日期和时间中的控制。（图3-60）

　　剖切工具栏：剖切工具栏可以很方便地执行常用的剖面操作。包括添加剖面、显示或隐藏剖切和显示或隐藏剖面。（图3-61）

　　沙箱工具栏：SketchUp新增工具，常用于地形方面的制作。包括等高线生成地形、网格生成地形、挤压、印贴、悬置、栅格细分和边线凹凸。（图3-62）

图3-60　阴影工具栏

图3-61　剖切工具栏　　　　图3-62　沙箱工具栏

（2）SketchUp 模型修改

　　SketchUp 模型修改，首先要了解模型的建模思路，了解线生成面的关系，再通过面对模型进行修改。应用绘图工具里面的直线或圆弧工具进行分割形成封闭的区域，再使用编辑工具栏里面的推拉工具，对需要推拉的面进行推拉。（图3-63、图3-64）

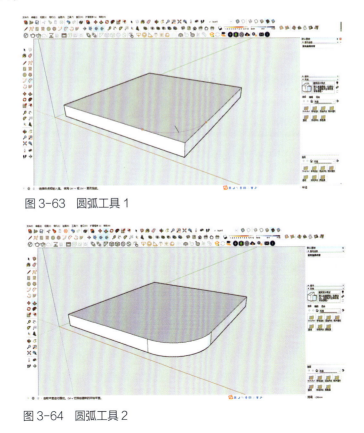

图3-63　圆弧工具1

图3-64　圆弧工具2

（3）SketchUp 材质灯光

SketchUp 材质灯光是在模型完成之后对模型进行效果图的制作，效果制作前需要对材质灯光进行进一步调试，将材质赋予模型之上，把材质纹理和质感调出来，最后通过 SketchUp—VRay 渲染成一张完整的效果图。（图 3-65、图 3-66）

图 3-65　默认材质工具

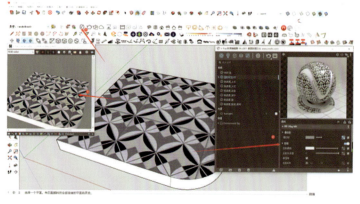

图 3-66　VRay 材质工具

课后小结

本任务学习了 SketchUp 软件中的一些基本认识和操作，在学习过程中要注意快捷键的操作和视图的切换及应用。熟知了软件的基本运用之后，能大大提高建模过程中的速度及模型的精致程度。

操作练习
SketchUp
建模基础

操作练习

下面提供了基础场景模型的习题，关于基础模型创建的学习，不仅要掌握软件的基础命令的操作，还要对软件界面的切换及运用有一定的认知，完成整个场景的地面铺装布置。

任务 2　SketchUp 高级建模

课程内容

SketchUp
高级建模

物体高级建模是模型创建中很重要的部分，除了常规模型的建模外就是利用不同的工具对异形模型进行建模，高级建模对异形模型具有强大的优势，因此在使用多边形建模等建模方法很难达到要求时，不妨采用插件进行建模。

（1）场景曲面建模

SketchUp 曲面建模与 SketchUp 常规建模不一样，SketchUp 常规建模可以根据面进行推拉完成，而 SketchUp 曲面建模不能使用常规的推拉工具进行推拉。曲面建模可以根据放样进行创建，首先绘制一条完整的路径，再绘制一个样式的封闭面（图 3-67）。生成曲面步骤：首先选中路径，再点击放样，再次点击封面的面，这样一个曲面路径就创建完成（图 3-68）。除了利用放样工具创建外还可以利用沙箱工具（图 3-69）。先创建网格，然后在网格上面进行点的拖拽，曲面建模就创建完成（图 3-70）。

（2）场景插件建模

利用 SketchUp 场景插件建模是提高效率的一种方式，通过插件快速达到自己想要的效果，SketchUp 插件用得比较多的就是"胚子库"插件（图 3-71），例如在导入图纸之后需要将线形成封闭的面才能再建模，就可以利用"胚子库"插件中的快速封面工具进行封面（图 3-72），有时候封完面之后还需要将正反面进行反转，同时也可以用到"胚子库"一键反面工具进行反面（图 3-73），

图 3-67　曲线放样路径及图形

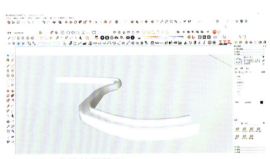

图 3-68　曲线放样结果

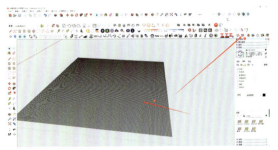

图 3-69　地形平面

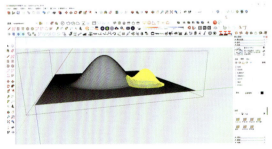

图 3-70　地形生成

图 3-71　"胚子库"插件操作界面

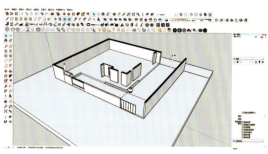

图 3-72　"胚子库"插件墙体封面

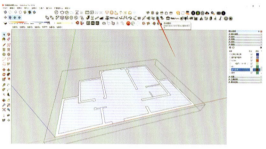

图 3-73　"胚子库"插件地面封面

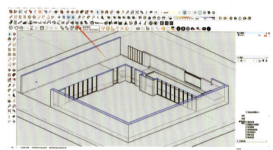

图 3-74　"胚子库"插件墙体挤出

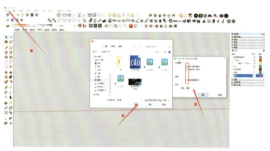

图 3-75　CAD 文件导入

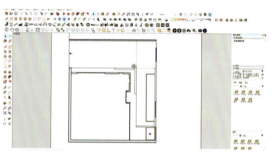

图 3-76　平面图封面

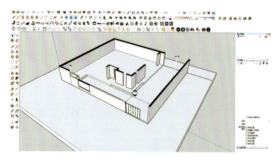

图 3-77　墙体基础

图 3-78　门窗装饰创建

接着就是推拉模型，可以使用"胚子库"批量推拉工具将相同高度的模型进行一次性推拉（图3-74）。

（3）场景基础建模

通过效果图将建筑外立面建出来，建筑外立面基础场景包含墙体、门窗、场地、配景，在对场景基础建模时需考虑场景实际尺寸，结合立面图纸高度进行建模，模型完成后需赋予材质。

首先将CAD图纸进行处理，将不需要的线删除掉，再导入SketchUp进行建模。导入图纸时需要注意修改导入的模型尺寸（图3-75），导入图纸后将所有的线绘制成封闭的面，将所有的线封闭形成面之后再进行墙体、门窗的推拉（图3-76），墙体推拉时须注意把门窗洞留出来（图3-77），接着完成二层、三层建筑外立面的墙、门窗（图3-78）。

课后小结

在任务中主要学习了基础建模和高级建模，学习了插件的应用。

操作练习

下面提供了基础场景模型的习题。关于基础模型创建的学习，不仅要掌握软件的基础命令的操作，还要对软件界面的切换及运用有一定的认知，完成整个场景的基础模型布置。

操作练习
SketchUp
高级建模

综合练习

下面提供了两个模型创建的习题。学会推拉、面的分割、材质、推拉、放样、"胚子库"插件的运用方法。

综合练习

课后习题

下面提供了两个创建简单室内模型的习题，注意推拉、面的分割、材质、推拉、放样、"胚子库"插件的运用方法。

课后习题

项目四　VRay for SketchUp 材质\灯光\渲染

项目描述

　　基于 VRay 内核开发的有 VRay 4.2 for SketchUp、Maya、Rhino、3ds Max 等诸多版本（本项目使用的版本是 VRay 4.2 for SketchUp、SketchUp 2018），为不同领域的 3D 建模软件提供了高质量的图片和动画渲染功能。

　　VRay 包含 VRay 灯光、VRay 材质、VRay 渲染，它们都在效果图表现中有很高的使用频率。至于 VRay 为何能在众多渲染插件中脱颖而出，除了上述的强大功能外还有最重要的一点，那就是速度和质量。

学习要点

- ● 掌握 VRay for SketchUp 渲染器基本设置。
- ● 掌握 VRay for SketchUp 材质设置与运用。
- ● 掌握 VRay for SketchUp 灯光设置与运用。

任务 1　VRay 插件基础

课程内容

VRay 插件
基础

　　学习 VR 插件基础知识，以及如何设置测试渲染、最终大图渲染出图。

（1）VRay for SketchUp 渲染器界面

　　前面提到过，VRay 是渲染插件，而不是独立的渲染软件，所以 VRay 必须嵌入到平台软件上才能使用。在室内效果图表现中，一般使用基于 SketchUp 的 VRay（VRay4.2 for SketchUp），用户可以通过将其加载到对应版本的 SketchUp 上进行使用，具体加载方法如下：

　　①启动 SketchUp，然后点击 VRay【资源管理器】对话框。（图 3-79）

　　②点击打开材质隐藏窗口，单击窗口【设置】按钮，包含渲染、相机设置、渲染输出、动画、环境、材质覆盖、集群渲染、渲染参数、全局照明（GI）、高级摄像机参数、空间环境、降噪、配置等设置。（图 3-80）

（2）VRay for SketchUp 测试渲染

　　首先指定渲染引擎中选定 CPU 渲染，互动模式开启选择互动性能中，降噪模式关掉，【渲染输出】保持默认状态，长宽比可以根据需要选择 16∶9 或者 4∶3 比例，【环境】背景选为白色提高整体环境亮度，如果需要黑色背景就去掉后面的勾选，【全局照明】保持打开状态，主光线选择强算（图 3-81），测试渲染参数调整完后点击渲染窗口查看测试渲染效果（图 3-82）。

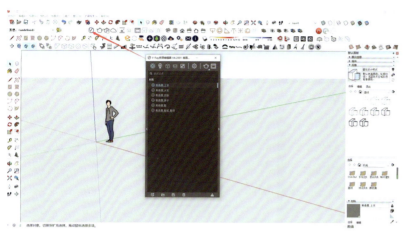

图 3-79　VRay 资源编辑器

图 3-80　VRay 材质编辑器 1

图 3-81　VRay 材质编辑器 2

图 3-82　VRay 材质编辑器 3

图 3-83　视图安全框

图 3-84　最终效果

（3）VRay for SketchUp 最终渲染

　　在项目文件中各项数据调试完成后需要最终输出高质量的效果图，那么就需要设置相关最终输出参数。首先将渲染引擎调为 GPU-RTX，再将【渲染】下面的降噪开启，【渲染输出】下面安全框开启，这时候我们需要的画面会出现一个安全框，最终渲染的图就会是安全框里面的场景（图 3-83）。然后再调整图像宽高，通常设置大小为 1 920×1 080。再设置【保存图片】下面的文件保存路径，【环境】下面的全局照明、反射、折射、二次反弹哑光全部勾选上，所有设置为 2。注意：渲染大图时将视图设置为两点透视。（图 3-84）

课后小结

　　通过本任务的学习，要掌握渲染器设置，根据场景需要设置相关参数。在最终渲染出图时需根据项目的要求进行最终渲染参数设置。

操作练习
VRay 插件
基础

操作练习

　　下面提供了一个三维场景案例。关于渲染器的设置，不仅要掌握各个参数，还要注重项目场景的需要和渲染器结合运用，参数不是一成不变的，可以根据场景需要设置相关参数。

任务 2　VRay 材质编辑

课程内容

本任务学习 VR 材质编辑，以及如何进行材质设置，如何对基础白模进行材质赋予及材质质感的调试。

（1）VRay 材质基础

材质主要用于表现物体的颜色、质地、纹理、透明度和光泽等特性，依靠各种类型的材质可以制作出现实世界中的任何物体（图 3-85—图 3-88）。

通常，在制作新材质并将其应用于对象时，应该遵循以下步骤：①指定材质的名称；②对于标准或光线追踪材质，应选择着色类型；③设置漫反射颜色、光泽度和不透明度等各种参数；④将贴图指定给要设置贴图的材质通道，并调整参数；⑤将材质应用于对象；⑥如果有必要，应调整 UV 贴图坐标，以便正确定位对象的贴图；⑦收集材质。

在 SketchUp 中，创建材质是一件非常简单的事情，任何模型都可以被赋予栩栩如生的材质。图 3-89 是一个白模场景，虽然设置好了灯光以及正常渲染参数，但是渲染出来的光感和物体质感都非常平淡，一点也不真实。而图 3-90 就是添加了材质后的场景效果。

图 3-85　材质效果展示

图 3-86　植物环境效果展示

图 3-87　室内渲染效果展示

图 3-88　材质渲染效果展示

图 3-89　建筑场景白模

图 3-90　建筑场景材质渲染

（2）VRay 标准材质

　　标准材质是 SketchUp 默认的材质，也是使用频率最高的材质之一，它几乎可以模拟真实世界中的任何材质，其参数设置见面板。（图 3-91）

（3）VRay 混合材质

　　混合材质可以在模型的单个面上将两种或多种材质通过一定的百分比进行混合，材质参数设置见面板。（图 3-92）

　　混合材质参数介绍：

　　①材质 1/ 材质 2。可在其后面的材质通道中对两种材质分别进行设置。

　　②遮罩。可以选择一张贴图作为遮罩，利用贴图的灰度值可以决定"材质1"和"材质 2"的混合情况。

　　③混合量。控制两种材质混合百分比，如果使用遮罩，则"混合量"选项将不起作用。

图 3-91 VRay 标准材质

图 3-92 VRay 混合材质

课后小结

在本任务中主要学习了 VRay 材质及标准材质，以及材质编辑器相关材质球设置，并合理设置相关材质属性。

操作练习

下面提供了一个三维场景案例，在赋予材质时应当注意材质 UV 大小、材质参数设置，根据参考图完成配套练习要求。

操作练习
VRay 材质
编辑

任务 3　VRay 灯光编辑

VRay 灯光
编辑

课程内容

　　学习效果图最关键的一步是制作灯光氛围，本任务主要学习 VRay 灯光设置与运用，包括矩形灯光源、光域网、泛光灯、聚光灯等知识。

　　没有灯光的世界将是一片黑暗，在三维场景中也是一样，即使有精美的模型、真实的材质以及完美的动画，如果没有灯光照射也毫无作用，由此可见灯光在三维表现中的重要性。自然世界中存在形形色色的光，比如耀眼的日光、微弱的烛光以及烟花发出来的光等。（图 3-93、图 3-94）

　　SketchUp 灯光有很多种，通常有四种类型，分别是 VRay 球灯、VRay 矩形灯、VRay 泛光灯、IES（光域网）灯。不同类型灯光的发光方式不同，所产生的光照效果也有很大的差别。（图 3-95）

（1）VRay 球灯

　　球形灯光类型中的球形光源以光源中心向四周发射，其效果类似于泛光灯。该光源类型常被用于模拟人照光源，例如球形灯通常应用于生活当中的台灯。（图 3-96、图 3-97）。

（2）VRay 矩形灯

　　矩形灯可以产生一个照射区域，主要用来模拟自然光线的照射效果，虽然矩形灯可以用来模拟太阳光，但是它与目标聚光灯的灯光类型相同。目标聚光灯的灯光类型是聚光灯，而矩形灯的灯光类型是平行光，从外形上看目标聚光灯更像锥形，而目标平行光更像方形。（图 3-98、图 3-99）

（3）VRay 泛光灯

　　泛光灯可以向周围发散光线，其光线可以到达场景中无限远的地方。泛关灯比较容易创建和调节，能够均匀地照射场景，但是在一个场景中如果使用太多泛光灯可能会导致场景明暗层次变暗，缺乏对比。（图 3-100、图 3-101）

（4）IES（光域网）灯

　　光域网是一种关于光源亮度分布的三维表现形式，储存于 IES（光域网）文件当中。光域网是灯光的一种物理性质，确定光在空气中发散的方式，不同的灯在空气中的发散方式是不一样的，比如手电筒、壁灯、射灯等。他们发出的光，又是另外一种形态。

　　在 SketchUp 中，目标灯光即是应用于光域网，在效果图中可以呈现各种
样式的灯光。（图 3-102—图 3-105）

图 3-93　环境灯光渲染效果

图 3-94　夜景烟花渲染效果

图 3-95　场景灯光编辑

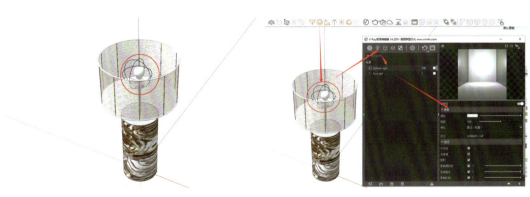

图 3-96　球灯

图 3-97　球形灯光设置

图 3-98　矩形灯光

图 3-99　矩形灯光设置

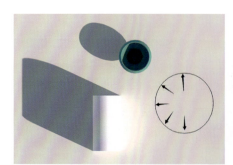

图 3-100　泛光灯

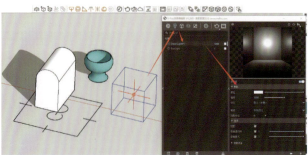

图 3-101　泛光灯设置

图 3-102　目标灯光光域网

图 3-103　光域网设置 1

图 3-104　光域网设置 2

图 3-105　渲染最终效果

操作练习
VRay 灯光
编辑

课后小结

　　本任务主要对 VRay 灯光相关知识进行了学习，重点掌握 VRay 球灯、VRay 矩形灯、VRay 泛光灯、IES（光域网）灯应用等知识。

操作练习

　　在灯光设置时应当和场景相匹配，灯光的参数可以根据场景作出适当调整，在设置光域网时可以选择合适的形态，提高场景的美观程度，根据课程学习完成下方提供的操作练习习题。

综合练习

综合练习

　　下面提供了一个灯光模型创建的习题，需要多了解灯光以及各种模型材质的运用。

课后习题

课后习题

　　下面提供了一个创建简单室内模型的习题，在练习过程中注意模型基础命令用法及材质灯光的参数设置是否符合场景。

模块四｜虚拟现实（VR）设计与制作（职业技能竞赛）

项目一 3D 模型、材质创建

本项目介绍三维卡通模型的整体制作流程以及需要注意的知识点，主要内容包括掌握 ZBrush 的基础雕刻和软件基本操作、Maya 拓扑和布线方面的基本知识，以及 Substance Painter 贴图绘制和软件基本操作。通过本项目的学习，能清楚了解三维卡通模型的制作流程和所需知识点。

学习要点

- 掌握模型的基本结构与制作思路。
- 掌握模型拓扑和基本的布线方法。
- 掌握 Substance Painter 软件的基本操作方法和卡通贴图的基本绘制。

任务 1 角色模型创建

课程内容

角色模型创建

本任务使用 ZBrush 软件制作卡通模型和用 Maya 软件对三维卡通"角色模型创建"进行布线拓扑的整体制作。学会两款软件的基本操作方法和一些相关的模型和布线的基础知识与应用。

（1）ZBrush 软件雕刻命令运用

学习 ZBrush 基础雕刻时需了解 ZBrush 基础工具的使用，以及快捷键的使用。例如，在雕刻冰墩墩模型时，需要准确了解人物结构，注意人物比例，即人的三庭五眼和身高比例。在进行 ZBrush 基础雕刻时，就要保存文件，避免软件出现问题，也能及时再次保存。（图 4-1）

（2）ZBrush 基础笔刷

在进行 ZBrush 细节雕刻时，需要注意笔刷的运用，也可以在其他的资源网站找到相对应的特殊笔刷来进行快速雕刻，但是为了更好地运用 ZBrush 软件，我们要学会运用 ZBrush 常用的笔刷来进行细节的雕刻。（图 4-2）

（3）ZBrush 平滑笔刷运用

因为模型表面是非常平滑的，所以我们要利用平滑笔刷进行大面积的平滑

处理，同时也要注意对转折比较明显的地方进行结构处理，特别要注意手、耳朵等和身体连接处的结构处理。（图 4-3）

图 4-1 正面结构图

图 4-2 细节雕刻图

图 4-3 细节修改

（4）不对称雕刻

在进行不对称雕刻时，首先把对称关闭，再进行关于那些不对称细节的雕刻。遇到模型不对称时，可借助软件将模型错误的一半进行删除，再使用剩下的模型，进行对称指令，或者使用上方工具栏中变换工具中的"设置轴"来对模型进行修正。（图4-4）

（5）ZBrush 基础命令

在进行模型外壳制作时，可以通过 ZBrush 里面的提取功能进行提取命令操作，再进行制作雕刻。在进行整体调整时，可以对照图片进行查漏补缺。（图4-5）

图4-4　外壳制作

图4-5　整体结构修改

（6）Maya拓扑的基础功能运用

在用 Maya 进行模型拓扑时注意角色脸部结构比例，找准角色结构比例，准确把握星点，保证布线准确，这样便能保证后面贴图制作更准确。在导入模型后记得点击吸附按钮，把高模吸附上，再进行拓扑。因为高模是对称的，所以可以使用对象 x 轴对称拓扑，最后再进行角色模型配饰的创建。（图 4-6—图 4-8）

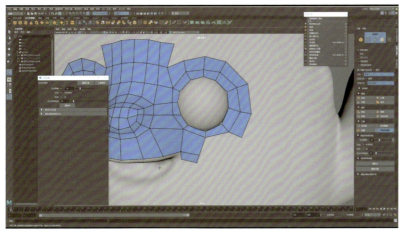

图 4-6　面部模型拓扑图

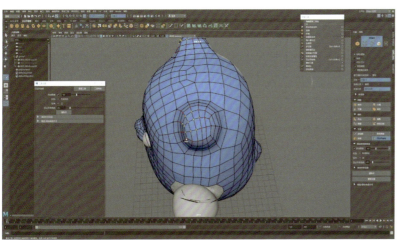

图 4-7　身体模型拓扑图

图 4-8　模型完成

课后小结

本任务学习了三维卡通角色模型创建方法，需要注意 ZBrush 与 Maya 软件的协调运用，熟练掌握两个软件的基本使用方法，对三维模型制作与模型拓扑有一个全面的认识。

操作练习
角色模型创建

操作练习

下面提供冰墩墩角色的基础场景与图示，运用 ZBrush 软件进行模型雕刻和运用 Maya 软件进行材质拓扑，完成操作练习的图示角色模型创建。在模型创建中要注意文件比例及模型拓扑处理方法。

任务 2　角色模型 UV 拆分与贴图

角色模型 UV
拆分与贴图

课程内容

本任务使用 Maya 软件对冰墩墩拓扑后模型的 UV 拆分，学习 Maya 软件中 UV 拆分命令以及注意事项。UV 拆分完成以后，利用 Substance Painter 软件对冰墩墩进行贴图绘制。其中对 Substance Painter 当中的图层进行讲解，并且进行贴图绘制后导出。

（1）Maya UV 拆分窗口与命令

在使用 Maya UV 拆分时需要注意人物布线的走向。在剪切线的时候，选择的线应是不易被观众看见的。在 UV 拆分中要细心，每个模型都需要拆分、排布、整理，在最终的 UV 里要尽量填满 UV 象限。同时在排列 UV 的时候注意物体占比，物体在观众眼中占比越大，在格子中占比也越大。最后 UV 在格子中的使用率越多越好，这样更能体现出贴图细节。（图 4-9、图 4-10）

（2）Substance Painter 基础功能

在使用 Substance Painter 时，首先要了解其工作栏、基本使用条件，以及快捷键的使用、导入模型和烘焙模型时参数的选择。（图 4-11）

（3）Substance Painter ID 分层

在 Substance Painter 中注意物体之间衔接处的阴影，需在 Maya 里导出时把物体分开，再用原模型替换。在绘制贴图的时候，需要熟悉 Substance Painter 软件的笔刷、图层等命令的用法与注意事项。（图 4-12、图 4-13）

（4）Substance Painter 填充图层运用

在 Substance Painter 中贴图制作时，应注意正确使用材质。绘制贴图时应

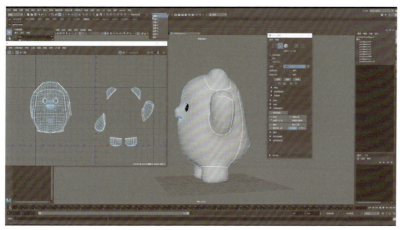

图 4-9　模型 UV 展开图

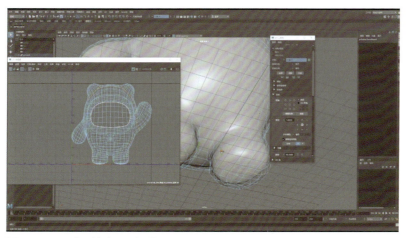

图 4-10　眼睛和外壳 UV 拆分

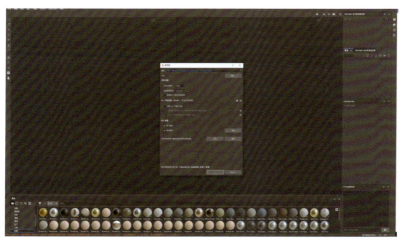

图 4-11　导入参数设置图

图 4-12　面部贴图绘制

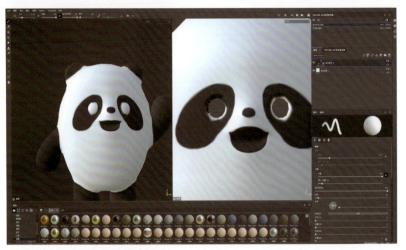

图 4-13　身体和手的贴图绘制

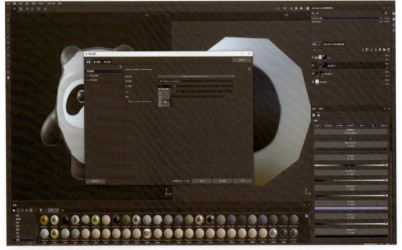

图 4-14　贴图导出参数图

在 Base color 里面绘制，每个图层需要命名，这样绘制中就不会混乱，也易于修改，所以在前期准备绘制时就要分好文件夹，按区块或者按照特性去分开。最基础的绘制需要基本色、亮部、暗部，过渡的细节会在这样的一个基础上添加，这样才能绘制出物体的立体感。（图 4-14）

（5）Substance Painter 导出命令功能

完成贴图制作后，导出贴图，最后在 Maya 里面上贴图。在上贴图时要注意对模型给予一个材质球，再把相应贴图指定上去。（图 4-15、图 4-16）

图 4-15　模型材质指定

图 4-16　模型渲染

课后小结

　　本任务主要学习了三维卡通模型的 UV 拆分与材质贴图创建，需要掌握好 ZBrush、Maya、Substance Painter 三个软件间的协作运用和基本操作方法，以及三维模型制作与贴图绘制。

操作练习
角色模型展
UV 编辑与
贴图

操作练习

　　下面提供了冰墩墩模型雕刻与拓扑的基础模型操作习题，完成 UV 拆分与贴图。

综合练习

综合练习

　　下面提供了大白模型雕刻与拓扑的综合练习基础模型与图示，根据图示要求完成大白模型创建与贴图材质编辑。

项目二　VR 模型、材质创建

项目描述

本项目介绍三维道具、配饰及角色的整体制作流程以及需要注意的知识点。主要内容包括 ZBrush 的基础雕刻操作、Maya 拓扑和布线方面的基本知识，以及 Substance Painter 贴图绘制。

学习要点

- 掌握模型的基本结构与制作思路。
- 掌握模型拓扑和基本的布线方法。
- 掌握运用 Substance Painter 软件进行贴图绘制的基本操作方法。

任务 1　VR 模型创建

课程内容

学习 ZBrush 软件对 VR 模型的制作和 maya 对模型的拓扑等制作流程，以及在模型的大型雕刻对 ZBrush 软件中的各种笔刷运用和 ZBrush 模型雕刻当中的命令使用方法。

VR 模型创建

（1）VR模型人物大型雕刻

在雕刻人物模型时，需要准确了解人物结构，注意人物比例。在进行 ZBrush 基础雕刻时，要及时保存文件，避免软件出现问题。（图 4-17—图 4-19）

（2）人物结构拓扑

在利用 ZBrush 拓扑的过程当中，需要注意人物身体、服装等的布线方法，根据人物的结构，利用 ZBrush 的 tuopu 笔刷进行布线规划，可以更快捷地拓扑出模型的底模。（图 4-20、图 4-21）

（3）大刀模型制作

对于大刀模型这种结构的底模没有必要进行 ZBrush 雕刻。只要在制作的过程中注意大刀模型的整体结构，同时注意模型本身的布线就可以。（图 4-22）

（4）鞋的模型制作

对于模型草鞋这种简单结构的模型只要在 maya 或者 3ds Max 当中根据结构进行部件制作即可，注意模型的结构以及和人物之间的比例。（图 4-23）

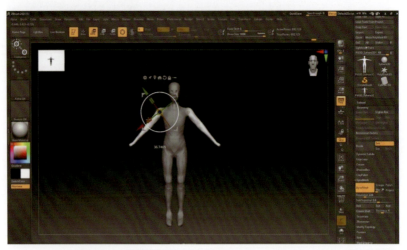

图 4-17　人物模型的大型雕刻

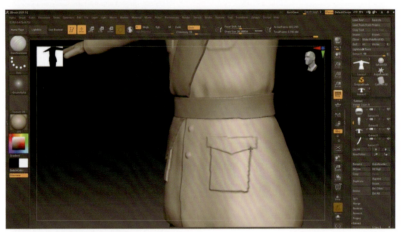

图 4-18　子弹带细节修改

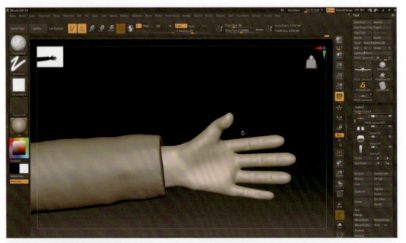

图 4-19　手部细节修改

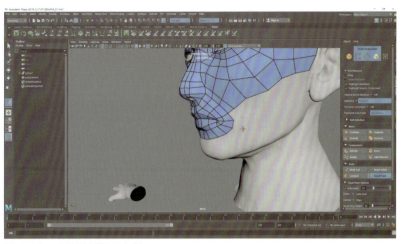

图 4-20　人物脸部拓扑布线

图 4-21　人物服装拓扑

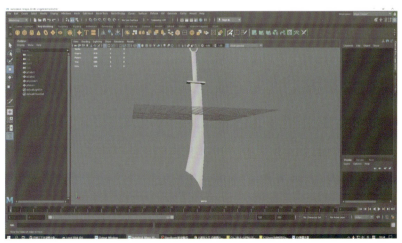

图 4-22　大刀模型创建

（5）长枪模型制作

道具长枪这种长圆柱形的模型，直接用 Maya 软件进行创建。因模型结构简单，我们只需要运用操控模型的点把模型进行拖拽定形，其他部件用同样的方法创建出来即可。（图 4-24）

（6）手榴弹模型制作

道具手榴弹这种圆柱形的模型，结构简单、明确，我们只要注意好手榴弹自身的比例就可以，然后用 Maya 的挤出命令进行缩放，就可以得到相对应的手榴弹基础模型。因为这种结构简单的模型不需要雕刻，我们只要注意在模型转折的地方进行倒角命令就可以得到很好的模型了，同时也不需要进行拓扑。（图 4-25）

（7）手枪模型制作

手枪属于硬表面模型，这种模型在制作的过程中，要利用好 Maya 的倒角

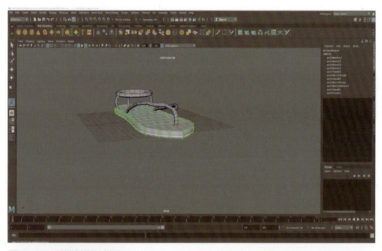

图 4-23　草鞋模型创建

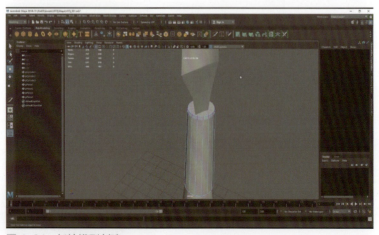

图 4-24　长枪模型创建

工具进行边缘硬化处理，就是我们通常所说的卡边操作，如果手枪模型边缘硬化不够，会产生明显的变形。（图 4-26）

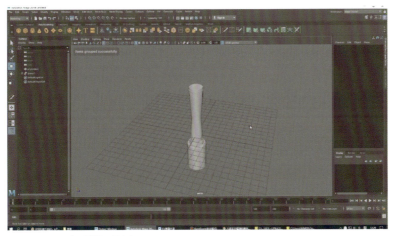

图 4-25　手榴弹模型创建

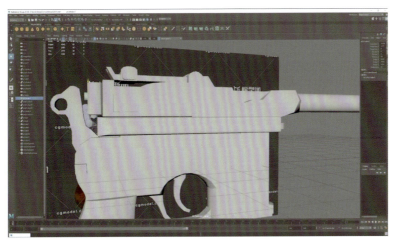

图 4-26　手枪模型的创建

课后小结

本任务主要学习了三维角色及道具配饰模型创建的全过程制作，在使用软件雕刻的时候，注意所有模型结构的表现，按照模型的结构进行细节雕刻；掌握 Maya 软件拓扑命令的基础运用以及拓扑布线的基础规则和要求。

操作练习

下面提供一个基础模型文件与参考图示，根据任务要求，完成图示模型的创建。

操作练习
VR 模型创建

任务 2　VR 模型展 UV 编辑与贴图

VR 模型展 UV
编辑与贴图

课程内容

学习 ZBrush 软件对 VR 模型的制作和 Maya 对模型的拓扑等制作流程，以及在模型的大型雕刻 ZBrush 软件的各种笔刷的运用和 ZBrush 模型雕刻当中的命令使用方法。

（1）人物模型UV拆分与贴图绘制

①人物模型 UV 拆分：在 UV 拆分中要细心，每个模型都需要拆分、排布、整理，最终的 UV 要尽量填满 UV 象限。同时在排列 UV 的时候注意物体占比，UV 在格子中的使用率越多越好，这样更能体现出贴图细节。（图 4-27）

②人物头部 UV 拆分：UV 拆分时注意贴图占比，UV 占比越大，贴图的细节展示出来的效果越好。另外，要注意物体材质的区分，材质不同 UV 拆分时要尽量分开。（图 4-28）

③人物贴图：在使用 Substance Painter 时，首先要了解其工作栏、基本使用条件，以及快捷键的使用、导入模型和烘焙模型时参数的选择。（图 4-29）

④人物材质贴图链接：在 Substance Painter 中注意物体之间衔接处的阴影，需在 Maya 里导出时把物体分开，再用原模型替换。Substance Painter 中导出贴图时需注意导出贴图位置、大小、格式。导出贴图后运用 Arnold 渲染器的材质进行链接渲染。（图 4-30）

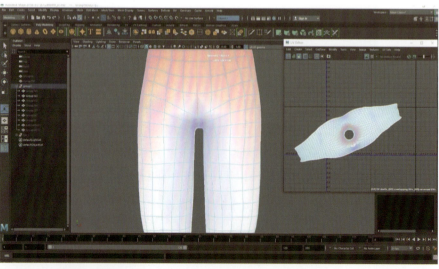

图 4-27　人物 UV 拆分

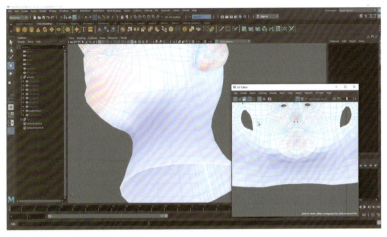

图 4-28　人物头部 UV 拆分

图 4-29　人物头部贴图绘制

图 4-30　人物渲染图

（2）大刀模型的UV拆分与贴图绘制

在 Substance Painter 中制作贴图时，注意材质的正确使用，绘制贴图时应在 Base color 里面绘制，每个图层需命名，这样绘制中就不会混乱，也易于修改，所以在前期准备绘制的时候就需要分好文件夹，按区块或者按照特性去分开。（图 4-31）

把 Substance Painter 的贴图导出，利用 Maya 自带的 Arnold 渲染器的材质进行制作。注意所有贴图的对应链接。（图 4-32）

（3）鞋模型的UV拆分和贴图绘制

同样运用 Maya 把鞋的模型进行拆分，同时也要注意 UV 的分布问题，尽量填满 UV 象限，细节才会更丰富。（图 4-33）

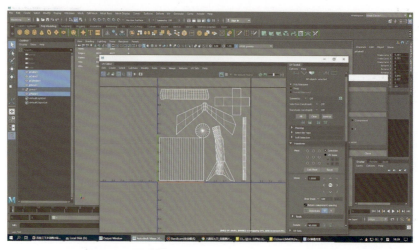

图 4-31　大刀模型的 UV 拆分

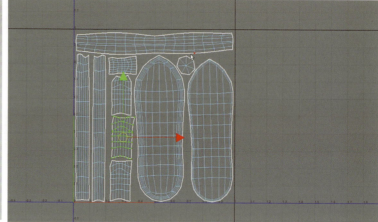

图 4-32　大刀模型渲染图　　　图 4-33　鞋模型 UV 的拆分

（4）长枪模型的UV拆分和贴图绘制

长枪模型的 UV 拆分和贴图绘制流程，基本与鞋模型一致，需要抓住长枪模型的特点。（图 4-34）

（5）手榴弹模型UV拆分与贴图绘制

手榴弹模型制作完成以后，利用 Maya 软件进行 UV 的拆分。注意在 UV 窗口当中的排布问题，尽最大可能地把 UV 窗口利用起来，然后在 ID 指定后进行贴图绘制。（图 4-35）

在 Substance Painter 软件当中贴图绘制，同时注意创建贴图绘制层时的贴图命名需要规范，绘制完成以后，指定材质进行导出，在 Maya 软件当中利用 Arnold 渲染器进行材质链接和渲染。（图 4-36）

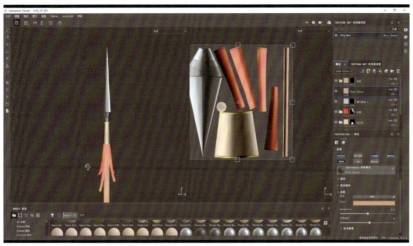

图 4-34　道具模型长枪贴图绘制

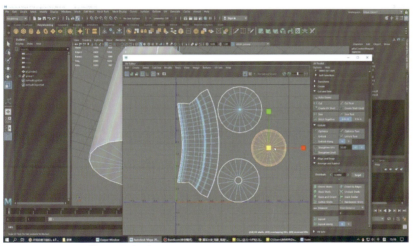

图 4-35　手榴弹模型 UV 拆分

图 4-36　手榴弹模型贴图绘制

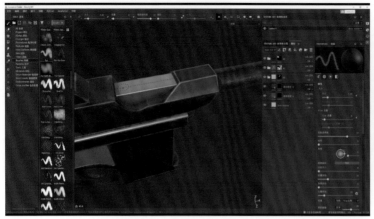

图 4-37　手枪模型贴图绘制

图 4-38　手枪模型渲染

（6）手枪模型 UV 拆分与贴图绘制

利用 Maya 软件进行 UV 拆分，注意 UV 的排布，UV 拆分完成以后进行 ID 指定，然后导出 FBX 文件到 Substance Painter 进行贴图绘制。在绘制的过程中注意金属材质的调节和木纹材质的调节，完成以后导出到 Maya 进行材质指定和渲染。（图 4-37、图 4-38）

课后小结

本任务主要学习 Maya UV 拆分的窗口运用与命令使用的方法，以及 Substance Painter 软件中材质与贴图绘制技巧，还有如何正确地导出贴图到 Maya 软件中进行材质指定和 PBR 材质的还原。需要注意 ZBrush、Maya、Substance Painter 三者间的协作应用，熟练掌握 UV 拆分与贴图绘制的思路与技巧。

操作练习
VR 模型展 UV
编辑与贴图

操作练习

下面提供 VR 模型的 UV 拆分和贴图绘制的基础模型文件与图示。根据操作练习的图示要求，完成角色及配饰模型的 UV 拆分和贴图绘制。

综合练习

综合练习

下面提供 VR 模型及材质创建综合练习的基础模型与图示，根据图示要求完成模型创建、材质绘制与赋予。要求：布线合理舒展、UV 排列合理（可使用多套 UV）、三角面控制在 35000 面以内、不能出现四面以上多边形；绘制贴图（贴图分辨率 2048×2048）；在 Maya 中架设灯光，设置场景，渲染三张不同角度静帧图（分辨率 1920×1080 以上）。

模块五｜数字创意建模

（1+X 职业技能等级证书）

项目一　3ds Max 室内场景建模

项目描述

本项目介绍在 3ds Max 里怎么体现出一个完整的家装建模。首先需要借助外部文件（CAD 户型图）来确定户型关系，尤其是较为复杂的房屋户型，而 3ds Max 支持导入一些其他程序软件文件，从而方便用户准确地创建模型。

学习要点

- 掌握 CAD 图纸的导入。
- 掌握使用图形创建三维模型实体。
- 掌握卧室、客厅、办公大堂墙体框架的创建。
- 掌握卧室、客厅、办公大堂多种材质类型的使用。
- 掌握卧室、客厅、办公大堂灯光的布局。
- 掌握卧室、客厅、办公大堂灯光渲染参数的设置。

任务 1　3ds Max 卧室场景建模

课程内容

本任务运用简单的创建命令和修改命令，配合灯光的使用，制作出一张柔和的卧室效果图。

（1）卧室基础模型创建

①CAD 的整理、墙体的创建

3ds Max
卧室场景建模

在开始建模之前要整理 CAD 图纸，保证图纸的整洁。3ds Max 需要设置系统单位，方便与外部素材匹配。在打开的对话框中，导入整理好的平面 CAD。（图 5-1—图 5-3）

运用创建线的方法勾勒出墙体，通过编辑样条线顶点、线段、样条线等方法完成模型的轮廓线。通过挤出命令来完成墙体的厚度及高度，运用堆砌的方式搭建出墙体、门窗的空间关系。（图 5-4、图 5-5）

②天棚、地面的创建

运用创建线的方法勾勒出天棚的外轮廓，通过切换视图编辑样条线的顶点来完成漫反射灯槽的造型；运用创建线的方法勾勒出地面的范围，用挤出命令完成地面的厚度。（图 5-6—图 5-8）

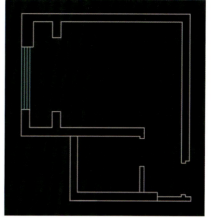

图 5-1 整理前　　　　　　　　　　　图 5-2 整理后

图 5-3 单位设置

图 5-4 导入图纸 1

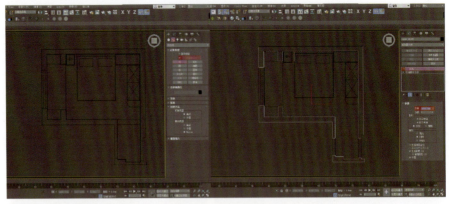

图 5-5　导入图纸 2

图 5-6　天棚三维图　　　　　　　　　图 5-7　天棚线框图

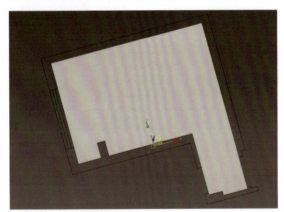

图 5-8　地面三维图

（2）卧室场景配套装饰创建

①踢脚线、窗户的建模

运用编辑样条线的顶点、线段、样条线，来控制所建模型的外轮廓，通过扫描来制作踢脚线和窗户的三维体。（图 5-9—图 5-12）

②衣柜的建模

运用编辑多边形的点、线、面等方法完成模型的创建。在制作过程中通过物体外轮廓的主要结构线进行分段，再通过主次关系分割出柜体的外观，最后通过编辑点、线段的方法刻画出细节。（图 5-13、图 5-14）

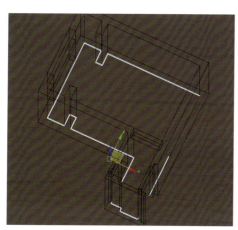

图 5-9 踢脚线线框 　　　　　　　图 5-10 参数设置

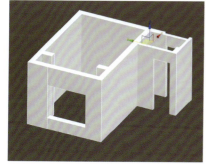

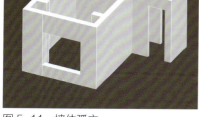

图 5-11 墙体孤立 　　　　图 5-12 窗户线框

图 5-13 柜子基础模型

图 5-14 柜子成品

（3）卧室场景材质灯光创建

材质可以理解为物体的一种形态，具体就是光源照在物体上进行的反射、漫反射、折射等各种光学现象的反映。（图5-15—图5-19）

"VR－光源"灯光类型中的平面光源是一种较为常用的光源类型。该光源以一个平面区域的方式显示，以该区域来照亮场景，由于该光源能够均匀柔和地照亮场景，常用于模拟自然光源或大面积的反光，例如天光或者墙壁的反光等。而点光源是为了局部照明或者反映实际灯光的光束角。（图5-20—图5-23）

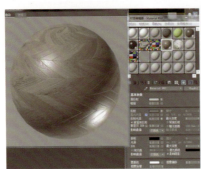

图5-15　木地板材质球图

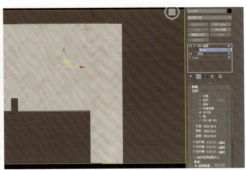

图5-16　木地板图

图5-17　材质编辑器图

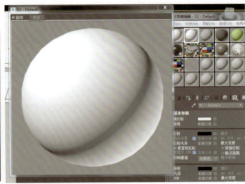

图5-18　墙体材质球图

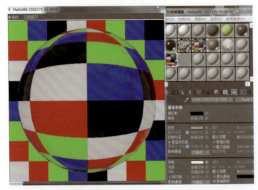

图5-19　玻璃材质球图

图 5-20　修改面板图

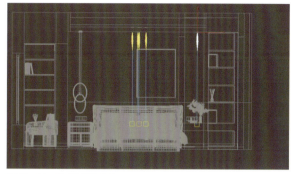

图 5-21　灯光线框图

图 5-22　修改面板图

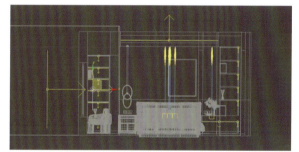

图 5-23　完成灯光线框图

（4）卧室场景渲染输出与后期处理

选择渲染命令开启渲染设置对话框，在公用菜单栏指定渲染器卷展栏中指定 VRay 为当前渲染器。渲染设置对话框自动生成 VRay 渲染器参数设置面板，包括 VR 基项、VR 间接照明、VR 设置，通过这些卷展栏即可设置各种渲染参数。（图 5-24—图 5-28）

在项目文件各项数据调试完成后需要最终输出高质量的效果图，那么就需要设置相关最终输出参数。在最终渲染前首先进行一次【发光图】【灯光缓存】预设，并保存文件，此操作是为了节省最终渲染输出时间。（图 5-29、图 5-30）

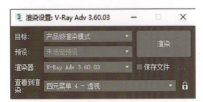

图 5-24　渲染设置图

图 5-25　渲染设置图

图 5-26　渲染设置图

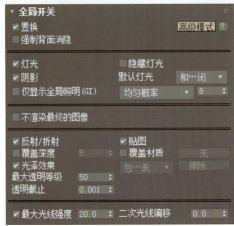

图 5-27　渲染设置图

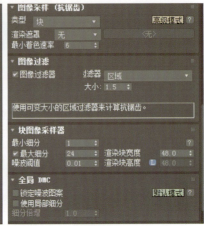

图 5-28　渲染设置图

图 5-29　渲染设置图

图 5-30　渲染设置图

最后渲染出来的图片保存为 Targa 格式，这一步可以方便后期在 PS 里面调整，然后再另存一份文件，打开上方菜单栏中的"脚本"，选择"运行脚本"命令，运行提前准备好的插件，渲染一张通道图，同样保存为 Targa 格式，接着把两张图片放入 PS 当中，进行局部的细节、颜色等调整，得到最终效果图。（图 5–31）

图 5–31　卧室最终效果图

课后小结

本任务学习了使用 3ds Max 完成家装中卧室的创建和表现。学完之后，除需要对家装中卧室布局有一定了解外，还应掌握使用多种灯光表现室内照明效果，并能根据现实生活中的观察体验，制作出合乎情理的材质纹理。

操作练习

下面提供了一个墙体的制作练习基础场景。关于墙体的制作方法，不仅要掌握运用编辑样条线的方法，还要学会运用编辑多边形来制作墙体。

操作练习
3dsMax 卧室
场景建模

任务 2　3ds Max 客厅空间效果图表现

课程内容

学习运用各种创建命令，比如线、矩形、弧形等，以及修改面板的挤出、扫描、编辑多边形、编辑样条线等命令，如何配合灯光的使用创建一个客厅的模型。

（1）客厅基础模型创建

在 CAD 里处理好墙体平面，将图层全部显示，删除不要的图层和标注等，将平面图简化到最少数据，方便到 3ds Max 软件里使用。将 CAD 墙体平面图导入 3ds Max 软件，将 CAD 图形组成组，并设置在 X\Y\Z 三轴归零，然后右

3dsMax 客厅
空间效果图表
现

键冻结当前对象，并设置捕捉到冻结对象。对冻结 CAD 图形执行描线，将描出的线转为可编辑样条线，并附加在一起。焊接样条线断开的顶点，使样条线形成封闭的图形，添加挤出修改器，墙体就做出了。（图 5-32—图 5-36）

图 5-32　整理前

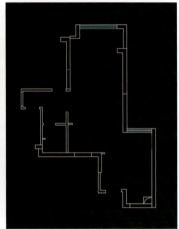

图 5-33　整理后

图 5-34　单位设置

图 5-35　导入图纸 1

　　运用修改面板创建天棚、地面。在"修改"面板"修改器列表"中选择并添加"挤出"修改器，设置参数"数量"，得到天棚。"创建"面板—"几何体"—"标准基本体"—"平面"按钮，在"顶"视图中创建一个平面，作为室内模型地面。（图 5-37—图 5-40）

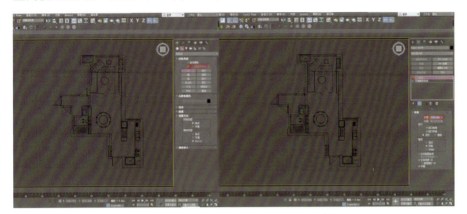

图 5-36　导入图纸 2

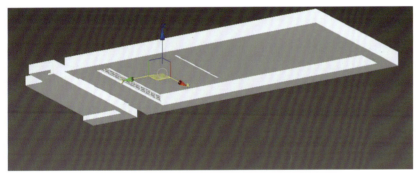

图 5-37　天棚三维图

图 5-38　天棚线框图

图 5-39　矩形创建

图 5-40　地面线框图

（2）客厅配套装饰创建

①踢脚线、落地窗的建模

点击创建栏目下栏中的线按钮，在视图模板中绘制一条直线，右侧修改栏中选择 line，并选择可编辑样条线。点击样条线，在修改面板下，选择轮廓命令进行扩边。输入需要的数值，从而完成踢脚线创建。（图 5-41、图 5-42）

运用编辑多边形的点、线、面等方法完成模型的创建，导入 3ds Max 落地窗立面图。使用"挤出"命令将二维图形转化成三维模型，编辑多边形完善细节，从而完成落地窗的创建。（图 5-43—图 5-48）

②电视墙的建模

运用编辑多边形的点、线、面等方法完成模型的创建，使用布尔命令制作墙洞，导入电视模型，合理运用捕捉、移动命令进行合成。（图 5-49、图 5-50）

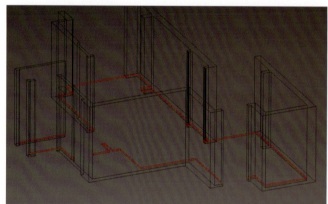

图 5-41　踢脚线线框图　　　　　　　　　　　图 5-42　修改面板

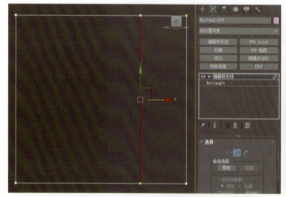
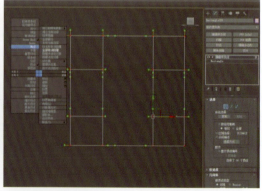

图 5-43　落地窗 1　　　　　　　　　　图 5-44　落地窗 2

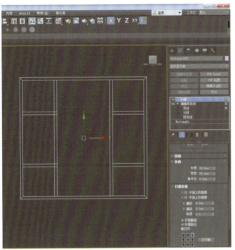

图 5-45 落地窗 3

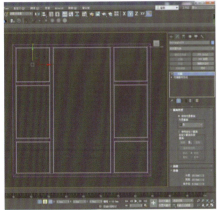

图 5-46 落地窗 4

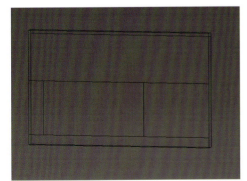

图 5-47 落地窗 5

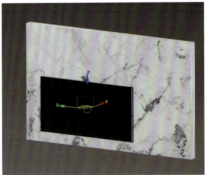

图 5-48 落地窗 6

图 5-49 电视墙 1

图 5-50 电视墙 2

（3）客厅材质灯光创建

客厅材质灯光创建与"任务1 3ds Max 卧室场景建模"中的"卧室场景材质灯光创建"相同，在此不再赘述。（图5-51—图5-58）

（4）客厅渲染输出与后期处理

客厅渲染输出与后期处理的步骤同"任务1 3ds Max 卧室场景建模"中的"卧室场景渲染输出与后期处理"，在此不再赘述。（图5-59—图5-66）

图 5-51 地砖材质球

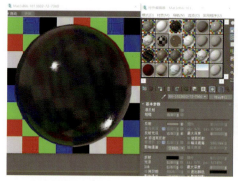

图 5-53 金属材质球 1

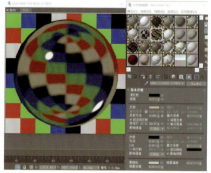

图 5-54 金属材质球 2

图 5-55 修改面板

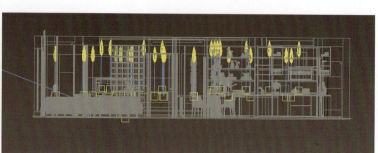

图 5-56 灯光线框图 1

图 5-57　修改面板

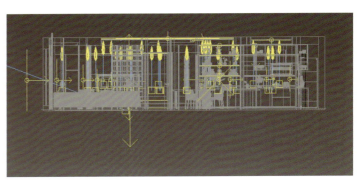

图 5-58　灯光线框图 2

图 5-59　渲染设置 1

图 5-60　渲染设置 2

图 5-61　渲染设置 3

图 5-62　渲染设置 4

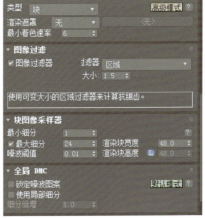

图 5-63　渲染设置 5

图 5-64　渲染设置 6　　　　图 5-65　渲染设置 7

图 5-66　客厅最终效果图

课后小结

本任务学习使用 3ds Max 完成客厅的创建和表现。在学习过程中需要对客厅布局有一定了解，学会使用多种灯光表现室内照明效果，以及如何恰当地运用修改面板，灵活地使用材质表现。

操作练习
3dsMax 客厅
空间效果图表
现

操作练习

下面提供了一个落地窗的制作练习基础场景，以此加强落地窗的制作方法的练习。

任务 3　3ds Max 办公大堂效果图表现

课程内容

掌握几个基本的操作命令：选择、移动、旋转、缩放、镜像、对齐、阵列、视图工具等；熟悉几个常用的三维和二维几何体的创建及参数设置。

（1）办公大堂基础模型创建

① CAD 的整理、墙体的创建

在开始建模之前要整理 CAD 图纸，首先需要看清楚 CAD 图纸，了解这个图纸的结构，以及需要做的是哪一部分，然后将不需要的标注与细节清除，以便将导入 3ds Max 里的参考元素精简到最少。在打开的对话框中，导入整理好的平面 CAD。（图 5-67—图 5-70）

运用创建线的方法勾勒出墙体，通过编辑样条线顶点、线段、样条线等方法完成模型的轮廓线，最后通过挤出命令得到墙体。（图 5-71）

3dsMax 办公大堂效果图表现

图 5-67　整理前　　　　　　　　图 5-68　整理后

图 5-69　单位设置

图 5-70　导入图纸 1

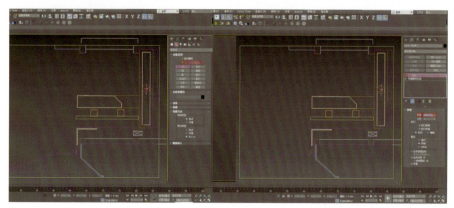

图 5-71　导入图纸 2

②天棚的创建

天棚的创建方法与墙体创建相同,用上述新建墙体的方法勾出吊顶的轮廓,接着用"挤出"命令,便得到天棚。（图 5-72）

（2）办公大堂配套装饰创建

①前台的建模

根据 CAD 图纸上前台的位置,用"创建"面板里面的线勾出前台桌子柱子的形状,接着用"修改面板"里面的"挤出"命令,把两个拼接在一起,最后再给上材质。（图 5-73、图 5-74）

②形象墙的建模

根据 CAD 的位置用"创建"面板里的线勾出形状,使用挤出命令,再运用"编辑多边形"勾勒整体形状,运用样条线进行墙面的分割。（图 5-75、图 5-76）

图 5-72　天棚三维图

图 5-73　接待桌 1

图 5-74　接待桌 2

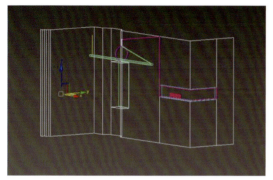

图 5-75　形象墙 1

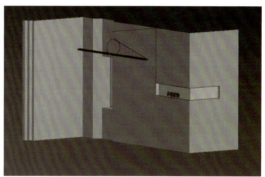

图 5-76　形象墙 2

（3）办公大堂材质灯光创建

①地砖、大理石、金属材质的制作

按快捷键 M 调出"材质编辑器"窗口，在模式处选择精简材质编辑器。先选择一个材质球，将它改为金属，然后转到父对象，对"反射高光"里的"高光级别"和"光泽度"进行调整，示例里调整为"高光级别"220，"光泽度"88。（图 5-77—图 5-80）

②VR 面光源、点光源的创建

可以利用光度学中的目标灯光创建射灯、筒灯等灯光效果，利用"VRayLight"进行主体灯光照明或补光等设置。在"创建"面板中，将灯光类型设置为"光度学"，切换至"修改"面板，在"常规参数"卷展栏中启用阴影类型为"VRayShadow"，将"灯光分布（类型）"设为"光度学Web"，并在"分布（光度学 Web）"卷展栏中指定相应的光度学文件。（图 5-81、图 5-82）

在"创建"面板中单击"灯光"按钮，将灯光类型设置为 VRay，进入"修改"面板，在"VRay 灯光参数"设置参数。（图 5-83、图 5-84）

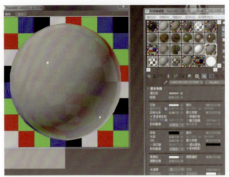

图 5-77　地砖材质球

图 5-78　地砖

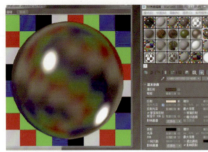

图 5-79　金属材质球 1

图 5-80　金属材质球 2

图 5-81　修改面板

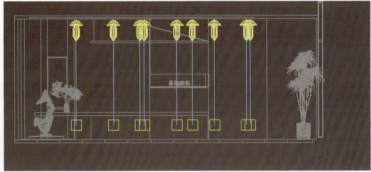

图 5-82　灯光线框图 1

图 5-83　修改面板

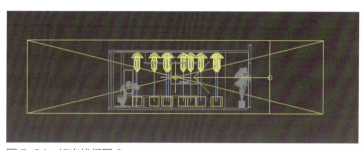

图 5-84　灯光线框图 2

（4）大厅渲染输出与后期处理

大厅渲染输出与后期处理的步骤同"任务 1　3ds Max 卧室场景建模"中的"卧室场景渲染输出与后期处理"，在此不再赘述。（图 5-85—图 5-92）

图 5-85　渲染设置 1

图 5-86　渲染设置 2

图 5-87　渲染设置 3

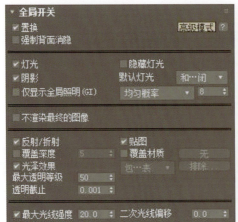

图 5-88　渲染设置 4　　　　　　　图 5-89　渲染设置 5

图 5-90　渲染设置 6　　　　　　图 5-91　渲染设置 7

图 5-92　大厅最终效果图

课后小结

　　本任务学习了使用 3ds Max 进行大厅模型的创建、大厅灯光的布置及材质的设计等操作。注意真实比例、场景的真实感。

操作练习

　　下面提供了一个大厅制作练习的基础场景。注意掌握各个参数的含义，对不同的材质进行归类，因为同一类材质的设置原理是相同的。

操作练习
3dsMax 办公
大堂效果图
表现

综合练习

　　下面提供了一个客厅案例的习题。注意场景配景的导入，以及不同色彩的搭配、材质及灯光的配合。

综合练习

课后习题

　　下面提供了三个不同空间的实例。通过单个模型的制作以及针对不同空间的制作方法进行综合练习，虽然室内灯光材质制作方法都大同小异，但要根据实际情况对灯光材质进行调节。

课后习题

项目二　3ds Max 单体建筑建模

本项目使用 3ds Max 进行室外建筑模型的创建、摄影机的创建、室外灯光的布置及建筑物材质的设计等。可以使用园林植物来为室外场景添加配景，增强场景的真实感。

学习要点

- 掌握 CAD 图纸的导入。
- 掌握编辑多边形建模方法。
- 掌握灯光布置。

任务 1　3ds Max 别墅三维模型建模（高级）

课程内容

3ds Max 别墅
三维模型建模
（高级）

在制作别墅外观模型之前，为保证三维模型的准确性，往往要先设置文件的单位，以及 CAD 的整理。同时，建筑三维模型包括墙体、门窗、阳台、屋顶、楼梯等基本构成元素，建筑平面图表达了墙体、门窗、阳台等的平面位置和尺寸关系，因此，在制作三维模型前要了解房屋平面的大致尺寸，也可以建筑平面图为基础来绘制三维模型。

（1）CAD 工程文件整理导入

在开始建模之前要整理 CAD 图纸，删除多余的线条，留下需要建模的区域，保证图纸的整洁和准确性。每一层楼都需要单独匹配为一个图层，每个立面也都需要单独匹配为一个图层，以便导入 3ds Max 里面能单独调整每一层的平面以及每一个立面。（图 5-93—图 5-96）

打开应用程序，在菜单栏中执行"自定义 – 单位设置"命令，将"系统单位设置"中的系统单位设置为"毫米"，显示单位设置为"毫米"。（图 5-97）

在打开的对话框中，确认"文件类型"为"所有文件"，选择并导入自己需要的 CAD，在打开的导入对话框中，保持默认设置即可。CAD 导入后对每个视图进行调整对齐，立面图需要对应原始 CAD 的轴号，放到平面相对应的位置。（图 5-98—图 5-101）

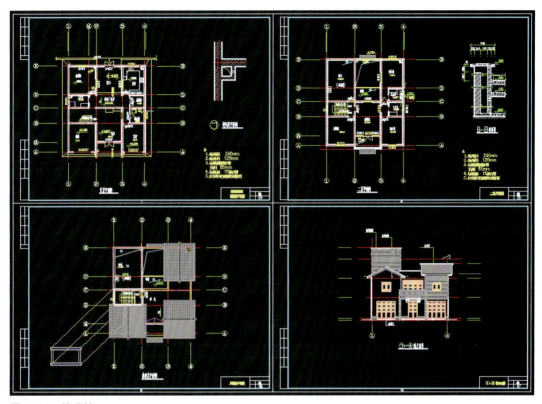

图 5-93　整理前

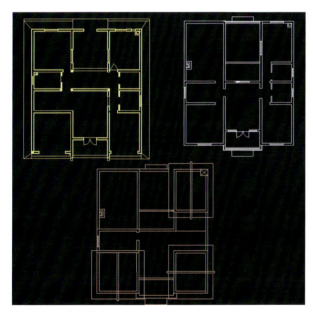

图 5-94　整理后

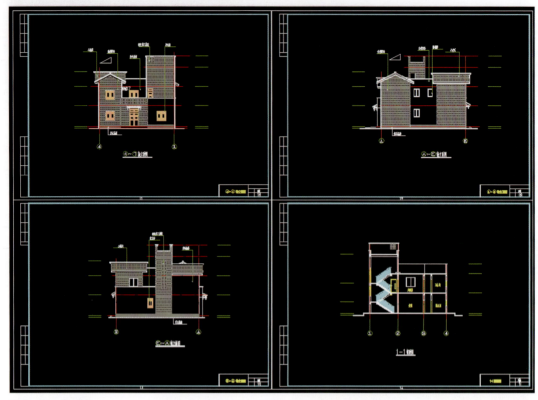

图 5-95　整理前

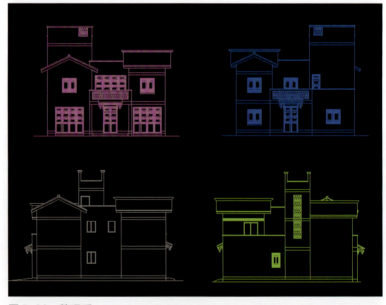

图 5-96　整理后

图 5-97　单位设置

图 5-98　导入图纸 1

图 5-99　导入图纸 2

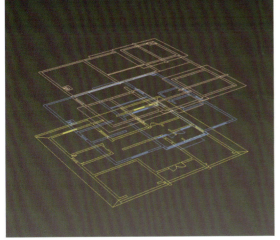

图 5-100　导入图纸 3

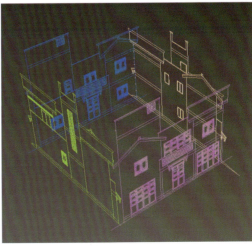

图 5-101　导入图纸 4

（2）建筑基础墙体创建

单击"创建"面板中的"图形"按钮，接着单击"线"工具按钮，绘制过程中配合捕捉工具进行创建。在"修改"面板中，绘制样条线，运用挤出、扫描、编辑多边形等命令来制作立面墙体，运用同样的方法创建建筑的每个立面。（图5-102—图5-105）

（3）建筑门窗及配件创建

整理门窗CAD图纸，运用闭合线的方法创建新的门窗图层，完成后导入3ds Max，在"修改"面板中，导入的门窗CAD添加"挤出"修改器。（图5-106、图5-107）

图5-102　外墙三维图1

图5-103　外墙三维图2

图5-104　外墙三维图3

图5-105　外墙三维图4

图5-106　门窗线框图1

图5-107　门窗线框图2

（4）建筑模型优化

建筑优化主要针对建筑转角以及材质交接处的处理，能体现建筑风貌的装饰构件。（图 5-108、图 5-109）

（5）建筑模型材质创建

运用 Photoshop 创建单砖贴图，在原有的贴图基础上随机选择单个砖块，进行拼接；运用材质编辑器制作不同的材质。（图 5-110—图 5-115）

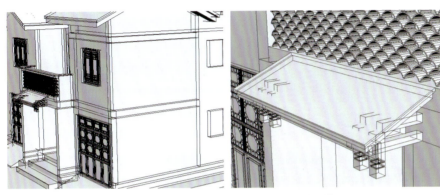

图 5-108 整体三维图 1　　　　　图 5-109 整体三维图 2

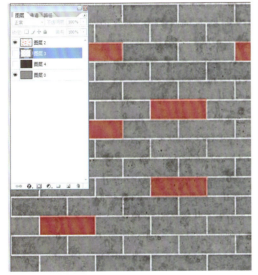
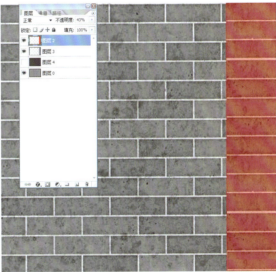

图 5-110 砖墙制作 1　　　　　图 5-111 砖墙制作 2

图 5-112　材质编辑器 1

图 5-113　材质编辑器 2

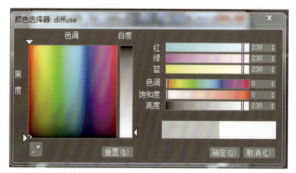

图 5-114　材质编辑器 3

图 5-115　材质编辑器 4

（6）建筑材质灯光创建

顶视图创建 VrayLight（穹顶）灯光，添加一个环境贴图 HDR，环境贴图运用实例复制的方式，给到材质球，贴图改为球形环境，然后把环境贴图复制到 VrayLight（穹顶）的纹理贴图里面。在完成 VrayLight（穹顶）灯光创建操作后，再创建 VraySun，并调整参数。（图 5-116—图 5-119）

图 5-116 灯光材质 1

图 5-117 灯光材质 2

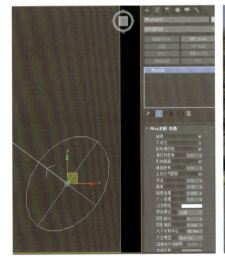

图 5-118 灯光材质 3

图 5-119 整体三维图

（7）建筑渲染输出与后期处理

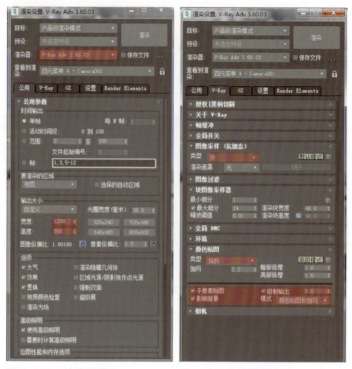

图 5-120　渲染设置 1　　　　图 5-121　渲染设置 2

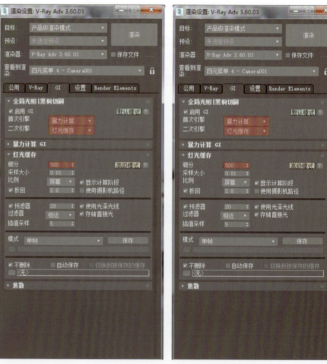

图 5-122　渲染设置 3　　　　图 5-123　渲染设置 4

图 5-124　渲染设置 5

图 5-125　渲染设置 6

图 5-126　渲染设置 7

课后小结

　　本任务对使用 3ds Max 进行别墅三维模型建模的设计过程进行了详细讲解。通过对案例的学习，达到巩固前面所学基础知识的目的。

操作练习

　　下面提供了一个三维模型创建的习题。根据参考图的效果调整具体模型参数设置，可以综合运用学习的三维模型创建命令完成模型的创建。

操作练习
3dsMax 别墅
三维模型建模
（高级）

任务2　3ds Max 别墅外观效果图表现（高级）

3ds Max 别墅
外观效果图表
现（高级）

课程内容

本任务主要通过建筑平面图和配套建筑图片来制作建筑立面，需要学习建筑平面立面的透视关系，运用编辑样条线、编辑多边形、挤出、扫描等命令来制作建筑的主要结构，然后通过配套素材来完成建筑软装及周边配景，通过灯光来烘托整个环境。

（1）CAD工程文件整理导入

在开始建模之前要整理CAD图纸，删除多余的线条，留下需要建模的区域，保证图纸的整洁。每一层楼都需要单独匹配为一个图层。（图5-127）

打开应用程序，在菜单栏中执行"自定义 - 单位设置"命令，将"系统单位设置"中的系统单位设置为"米"，显示单位设置为"米"。（图5-128）

在打开的对话框中，确认"文件类型"为"所有文件"，选择并导入自己需要的CAD，在打开的导入对话框中，保持默认设置即可。（图5-129—图5-131）

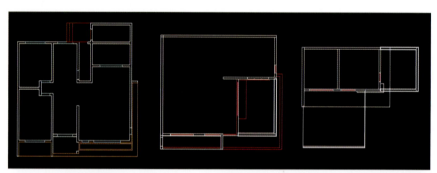

图5-127　CAD整理

图5-128　单位设置

图5-129　导入图纸1

图 5-130　导入图纸 2

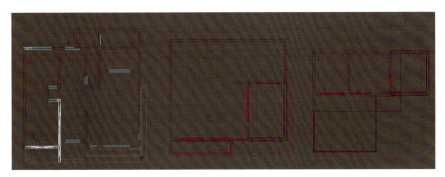

图 5-131　导入图纸 3

（2）建筑基础墙体创建

单击"创建"面板中的"图形"按钮，接着单击"线"工具按钮，绘制过程中配合捕捉工具进行创建。在"修改"面板中，绘制样条线，运用挤出、扫描、编辑多边形等命令来制作墙体。（图 5-132—图 5-134）

图 5-132　外墙三维图 1　　　　图 5-133　外墙三维图 2

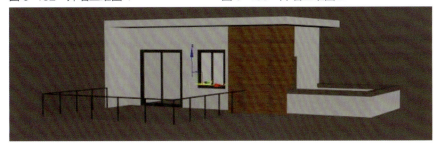

图 5-134　外墙三维图 3

（3）建筑门窗及配件创建

根据所建的基础模型预留门窗的位置，通过编辑样条线编辑多边形来制作门窗。（图5-135、图5-136）

（4）建筑模型优化

建筑优化主要针对建筑转角以及楼层与楼层的交接处的处理。（图5-137、图5-138）

（5）建筑模型材质创建

运用材质编辑器制作外墙漆材质、玻璃材质、护墙板材质。（图5-139—图5-141）

（6）建筑材质灯光创建

在制作室外建筑日景时，主光源应选择目标平行光，以这种角度投射的光线可以使建筑造型的立体感和层次感更强，要特别注意的是，主光源要使用光线跟踪阴影来表现真实光线产生的阴影。辅助光源的设置可以根据场景的光感情况进行添加，主要用于改善楼体中阴影面及阴影中过暗部分的光感效果。无

图5-135　窗户模型　　　　　　　　　图5-136　大门模型

图5-137　建筑模型1　　　　　　　　图5-138　建筑模型2

论是使用目标聚光灯或泛光灯，最好都要使用远距衰减，使其环境更加真实。

另外在设置灯光参数时要注意，每盏灯光的倍增要有所变化，不要千篇一律。

（图 5-142—图 5-144）

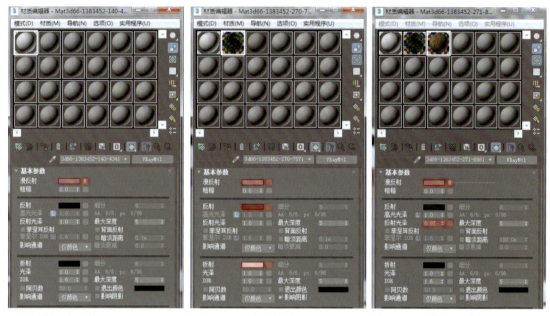

图 5-139　外墙漆　　　　图 5-140　玻璃材质　　　　图 5-141　护墙板材质

图 5-142　目标平行光

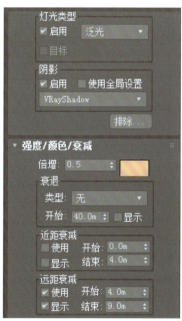

图 5-143　泛光灯

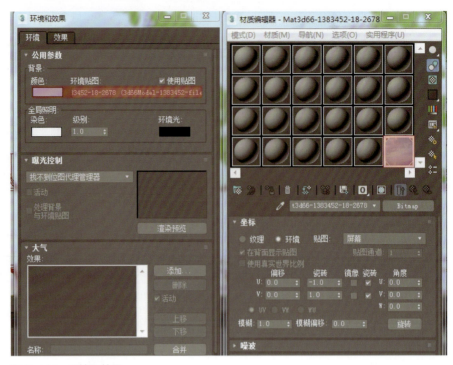

图 5-144　环境和效果

（7）建筑渲染输出与后期处理

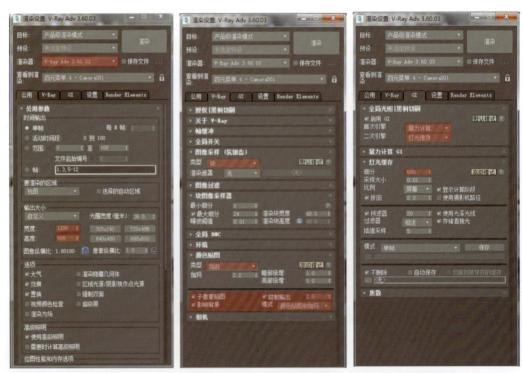

图 5-145　渲染设置 1　　　　图 5-146　渲染设置 2　　　　图 5-147　渲染设置 3

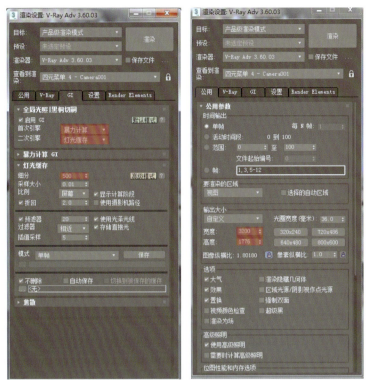

图 5-148　渲染设置 4　　　　　　图 5-149　渲染设置 5

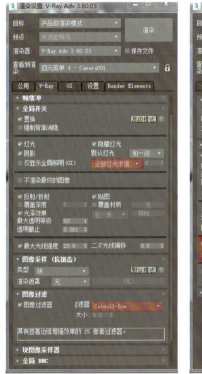

图 5-150　渲染设置 6　　　　　　图 5-151　渲染设置 7

课后小结

对使用3ds Max进行建筑效果表现和室内表现的设计过程进行了详细讲解。通过对案例的学习，达到巩固前面所学基础知识的目的。

操作练习

操作练习
3dsMax 别墅
外观效果图表
现（高级）

下面提供了一个三维模型创建的习题。综合运用练习的模型创建命令完成模型的创建，每一个模型都有很多种创建方法，在建模过程中，自己要学会摸索相应的模型创建方法。

综合练习

综合练习

下面提供了中式别墅、现代别墅习题，练习内容包括模型的创建，场景配景的导入。色彩搭配思考，材质及灯光使用。

课后习题

课后习题

下面提供了两个不同空间的实例。关于效果图制作的学习，不仅要掌握单个模型的制作方法，还要针对不同空间的制作方法进行综合练习。

项目三　SketchUp 室内场景建模

项目描述

本项目介绍 SketchUp 软件的界面操作以及在数字创意建模（1+X）职业技能等级证书中的实际应用，重点对卧室、客厅、大堂等案例进行讲解，了解不同场景衍生出不同的建模及渲染需求。主要软件操作分为 SketchUp 室内模型创建以及 Vray 渲染插件两大部分。

学习要点

● 掌握 SketchUp 创建模型的工作流程。

● 根据不同场景完成相应配套装饰模型创建。

● 熟练掌握效果图制作工作流程，能够制作灯罩、布料、室外贴图等材质效果。

任务 1　SketchUp 卧室空间效果图表现（中级）

课程内容

本任务主要学习卧室内部的飘窗制作、天花吊顶以及渲染参数设置的调节以及灯光的使用。

（1）卧室基础模型创建

按照所导入的 CAD 平面图纸，创建模型墙体及门窗。（图 5-152、图 5-153）

（2）卧室配套装饰创建

按照 CAD 平面图纸，使用"推拉"命令创建衣柜、电视墙，使用"路径跟随"命令创建窗帘等模型。（图 5-154、图 5-155）

（3）卧室材质灯光创建

使用 Vray 渲染器，按 16：9，　　　　　　　　　　　　　　　的大小进行小图预览，最终效果图采用 1920×1080 进行输出。（图 5-156、图 5-157）

（4）卧室渲染输出与后期处理

使用 Vray 渲染器，制作金属灯罩、木质地板、窗台石等材质，效果需符合视频要求。（图 5-158、图 5-159）

SketchUp 卧室空间效果图表现（中级）

图 5-152 CAD 平面图纸

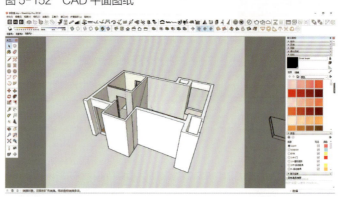

图 5-153 创建模型

图 5-154 配套装饰创建

图 5-155 创建完成

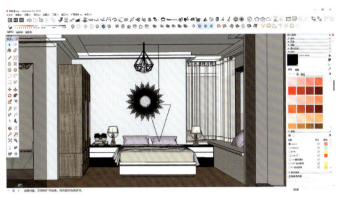

图 5-156　材质创建

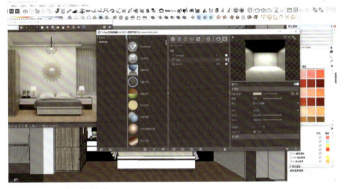

图 5-157　灯光创建

图 5-158　渲染设置

图 5-159　图像输出

课后小结

本任务学习了如何使用 SketchUp 进行卧室飘窗制作，以及使用路径跟随进行天花吊顶的生成，如何设置渲染安全框以及如何设置效果图的预览尺寸。

操作练习
SketchUp 卧
室空间效果图
表现（中级）

操作练习

下面提供了一个卧室模型的图纸，在创建过程中应当注意模型命令的运用及建模思路的整理。在制作效果图的过程中，应当采用先模型，后材质，最后灯光及渲染的流程。

任务 2　SketchUp 客厅空间效果图表现（中级）

SketchUp 客
厅空间效果图
表现（中级）

课程内容

本任务主要学习客厅的天花吊顶、配景装饰创建以及渲染流程，解析了 IES 灯光的使用方法。

（1）客厅基础模型创建

将 CAD 图纸导入 SketchUp 后进行封面—添加群组—拉伸的命令，创建出客厅墙体。（图 5-160）

（2）客厅配套装饰创建

按照 CAD 立面图纸，使用"推拉""路径跟随"等命令创建电视柜、壁柜、天花吊顶等模型。（图 5-161、图 5-162）

（3）客厅材质灯光创建

使用 Vray 进行客厅材质调节并创建布料、墙面乳胶漆等材质以及筒灯、球形灯、面光源、IES 光源。（图 5-163、图 5-164）

（4）客厅渲染输出与后期处理

设置小图预览大小，输出 1920×1080 规格最终效果图。（图 5-165、图 5-166）

图 5-160　拉伸墙体

图 5-161　壁柜创建

图 5-162　天花创建

图 5-163　材质制作

图 5-164　灯光制作

图 5-165　图像大小设置

图 5-166　最终效果输出

课后小结

　　本任务学习了如何选择及载入 IES 光域网文件，如何确定相机视角，怎样载入 CAD 立面图进行立面模型的创建。

操作练习
SketchUp 客
厅空间效果图
表现（中级）

操作练习

　　下面提供了一个客厅模型的图纸，在创建模型过程中应当注意模型命令的运用及建模思路的整理。

任务 3　SketchUp 大堂空间效果图表现（中级）

课程内容

本任务主要学习大堂内部的布局结构、墙面装饰以及材质效果的调节和通道图的使用方法。

（1）大堂基础模型创建

按照所导入的 CAD 图纸，创建大堂墙体及门窗模型。（图 5-167）

（2）大堂配套装饰创建

按照所导入的 CAD 图纸，采用路径跟随以及"推拉"命令，创建天花吊顶。（图 5-168、图 5-169）

SketchUp 大堂空间效果图表现（中级）

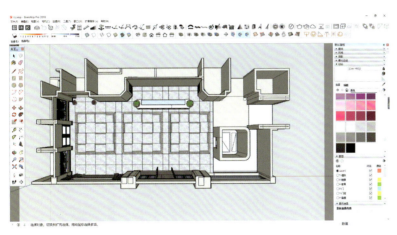

图 5-167　墙体创建

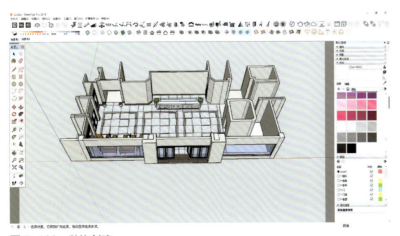

图 5-168　装饰创建

图 5-169　吊顶创建

图 5-170　外部贴图

图 5-171　灯罩材质制作

图 5-172　外景贴图

图 5-173　效果调节

（3）大堂材质灯光创建

使用 Vray 渲染器进行户外场景贴图制作，灯光颜色调节，灯罩材质以及墙地面材质的调整。（图 5-170、图 5-171）

（4）大堂渲染输出与后期处理

使用 Vray 渲染器调整环境光的影响，并调整最终输出效果图大小，在最终效果图生成完毕后使用 Vray 渲染器进行色相、色温的调整。（图 5-172、图 5-173）

课后小结

本任务学习了大堂的空间构造以及墙、地面的材质赋予，了解了公共空间的选色搭配，掌握了窗户外景贴图。

操作练习

下面提供了一个大堂模型的图纸，在创建过程中应当注意模型命令的运用及建模思路的整理。

操作练习
SketchUp 大堂空间效果图表现（中级）

综合练习

下面提供了两个模型创建的图纸，在其中任意选择一房间进行建模。通过练习，掌握相关命令的运用，提高模型完成率。

综合练习

课后习题

下面提供了两个室内效果图渲染的模型，视角自定。室内效果图渲染练习，要综合利用材质、灯光以及模型本身风格来思考。

课后习题

项目四　SketchUp 室外场景建模

项目描述

本项目介绍 SketchUp 软件在数字创意建模（1+X）职业技能等级证书中的实际应用，重点对小型公园景观、单体建筑景观、建筑群落景观等多个案例进行讲解，了解不同场景衍生出不同的建模及渲染需求。主要软件操作分为 SketchUp 室内模型创建以及 Vray 渲染插件两大部分。

学习要点

- 掌握 SketchUp 创建模型的工作流程，使用"沙箱"工具创建场地地形。
- 完成相应配套装饰模型创建，了解不同场景的建筑的特点。
- 掌握效果图制作工作流程，制作水面、外景贴图等材质效果。

任务 1　小型公园景观效果图表现

课程内容

本任务学习如何使用 SketchUp 创建小型公园景观，其中会大量使用"根据等高线生成"命令来进行微地形的创建，并且会使用"模型交错"这一功能来完成部分异形模型的创建。

（1）公园景观基础模型创建

导入 CAD 草图后，通过复制线圈的方式制作出等高线，然后生成地形模型。（图 5-174、图 5-175）

（2）公园景观配套装饰创建

选中所需交错平面的模型之后，鼠标右键可以选择"模型交错"命令，该

小型公园景观
效果图表现

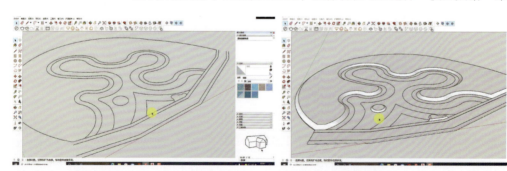

图 5-174　导入草图　　　　　　　　　图 5-175　创建地形

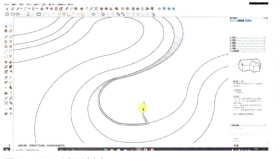

图 5-176　造型创建

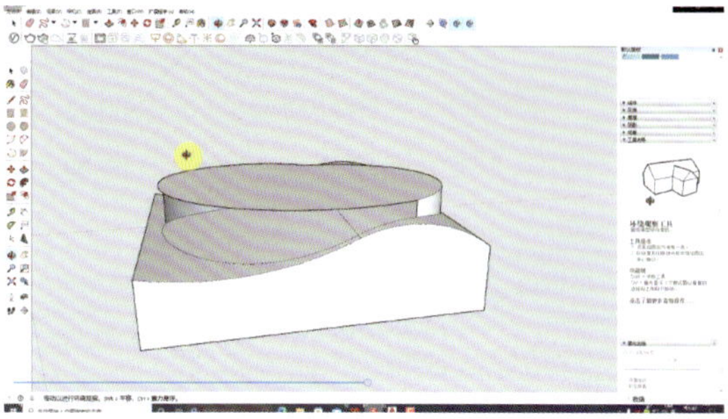

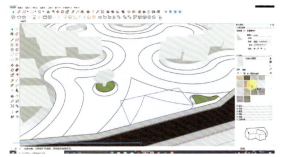

图 5-178　材质优化 1

图 5-177　模型交错

图 5-179　材质优化 2

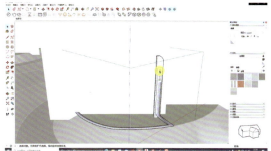

图 5-180　渲染设置

图 5-181　图像输出

命令可以使模型根据所交错的平面进行拆分。（图 5-176、图 5-177）

（3）公园景观材质灯光创建

　　由于 Vray 渲染插件中室外材质较少，所以在使用 Vray 插件进行渲染时，我们可以使用外部贴图进行导入，就可以制作出高质量室外材质。（图 5-178、图 5-179）

（4）公园景观渲染输出与后期处理

　　在输出最终效果图时，要将输出设置里面的输出图片规格调整为大图，如果后面有 PS 处理的需求，可在渲染完成后导出各项通道图辅助调整。（图 5-180、图 5-181）

课后小结

本任务学习了小型公园景观的创建与后期渲染，在操作过程当中我们使用了"等高线创建""模型交错"等命令，希望在应用中多加练习，熟练掌握。

操作练习

操作练习
小型公园景观
效果图表现

下面提供了公园景观模型的基础草图。关于基础模型创建的学习，不仅要掌握软件的"等高线创建""模型交错"等命令的操作，还要对软件界面的切换及运用有一定的认知。

任务 2　单体建筑景观效果图表现

课程内容

单体建筑景观
效果图表现

本任务使用 SketchUp 进行单体建筑景观的创建，其中会根据图纸创建建筑外立面上的一些装饰轮廓，会使用到在前面课程中学习过的类似"路径跟随""阵列"等多项命令。

（1）单体建筑景观基础模型创建

清理 CAD 图纸，将图纸中的平面配景布置删除，使建模界面更加简洁，模型体积变小，避免后续建模过程中出现卡顿。（图 5-182、图 5-183）

导入 CAD 图纸，注意图纸单位，避免模型比例出现错误，导入完成后逐一封面进行墙体拉伸。（图 5-184、图 5-185）

（2）单体建筑景观配套装饰创建

使用"阵列"命令进行格栅的批量复制，由于格栅创建了"组件"，所以此处为其中一根添加材质之后，所有的格栅都会添加相同的材质。（图 5-186、图 5-187）

图 5-182　图纸优化 1　　　　　　　图 5-183　图纸优化 2

图 5-184　导入单位设置

图 5-185　导入完成

图 5-186　阵列

图 5-187　组件编辑

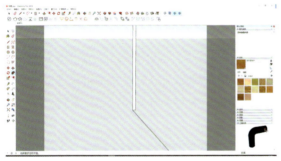

图 5-188　路径跟随 1

图 5-189　路径跟随 2

　　使用"路径跟随"命令进行玻璃栏杆的创建，选择路径之后，点击"路径跟随"再点击平面，就可以完成。（图 5-188、图 5-189）

（3）单体建筑景观材质灯光创建

　　在软件材质编辑面板中，选中材质后点击"编辑"就可以完成对材质纹理大小的编辑，同时在此界面可以导入自己下载的外部贴图。（图 5-190、图 5-191）

（4）单体建筑景观渲染输出与后期处理

　　在渲染器编辑界面，可以调整自然光线的颜色及强度大小，调整完成后输出最终效果图。（图 5-192、图 5-193）

图 5-190　选择纹理

图 5-191　编辑纹理

图 5-192　自然光调节

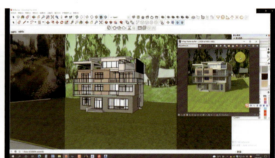

图 5-193　图像输出

课后小结

　　本任务学习了单体建筑景观的创建与后期渲染，在操作的过程当中我们使用了"等高线创建""模型交错"等命令，希望多加练习，熟练掌握。

操作练习
单体建筑景观
效果图表现

操作练习

　　下面提供了单体建筑模型的基础草图。在单体模型创建中，基础模型的作用非常重要，关乎整个模型的完成。

任务 3　建筑群落景观效果图表现

建筑群落景观
效果图表现

课程内容

　　本任务使用 SketchUp 进行建筑群落景观的创建，其中会使用网格进行地形的创建。此方法不仅可以用于创建地形，还可以用于一些曲面物体的创建，希望大家在学习完成之后多加探索。

（1）建筑群落景观基础模型创建

使用"根据网格创建"命令创建出地形网格，网格大小视电脑性能自定，网格越小地形就越圆滑，但是也会更加卡顿。然后使用"曲面起伏"的命令开始创建地形。（图 5-194、图 5-195）

对建筑群落景观效果中的建筑模型精度一般不做要求，能够表达方案即可，这里采用普遍的坡屋顶创建。（图 5-196、图 5-197）

（2）建筑群落景观配套装饰创建

使用门窗的快速制作方法以及"阵列"的方式快速制作简易桥梁。（图 5-198、图 5-199）

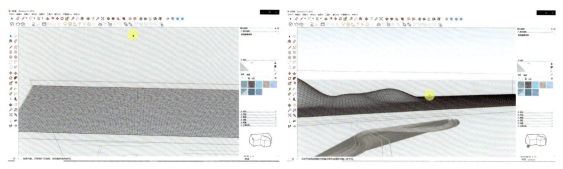

图 5-194 创建网格　　　　　　　　图 5-195 曲面起伏

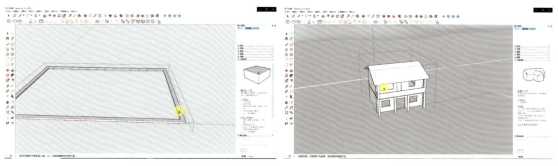

图 5-196 建筑创建　　　　　　　　图 5-197 屋顶制作

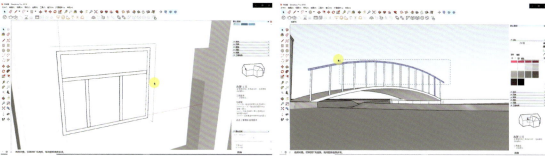

图 5-198 门窗创建　　　　　　　　图 5-199 阵列

图 5-200　材质添加

图 5-201　材质优化

图 5-202　渲染设置

图 5-203　图像输出

（3）建筑群落景观材质灯光创建

根据场景风格需求进行材质搭配，也可导入外部贴图丰富景观效果。（图 5-200、图 5-201）

（4）建筑群落景观渲染输出与后期处理

在输出最终效果图时，要将输出设置里面的输出图片规格调整为大图，如果后面有 PS 处理的需求，可在渲染完成后导出各项通道图辅助调整。（图 5-202、图 5-203）

课后小结

本任务学习了建筑群落景观的创建与后期渲染，在操作的过程中使用了"根据网格创建""曲面起伏"等命令。希望多加练习，熟练掌握。

操作练习

下面提供了建筑群落的意向参考图。对地形创建的学习，不仅要掌握软件的"根据网格创建""曲面起伏"等命令的操作，还要对软件界面的切换及运用有一定的认知，才能完成整个场景的基础模型布置。

操作练习
建筑群落景观
效果图表现

综合练习

　　下面提供了两个方案的意向图，可以自由选择风格进行模型创建，创建时需创建周边地形（地形样式不做要求，本次不提供地形图纸）。对模型创建的学习，需要多了解相关命令的运用，这样才能提高模型完成率。

综合练习

课后习题

　　下面提供了两个渲染模型，风格自定。对模型渲染的练习，要综合利用室外自然阳光与自身材质贴图来完成。

课后习题

项目五 Photoshop 效果图后期处理（室内 + 建筑）

项目描述

本项目针对数字创意建模（1+X）职业技能等级证书（环境设计方向）的考试案例，进行 Photoshop 后期技术的介绍和相应的操作讲解。同时，分别针对中级和高级证书的内容，进行室内效果图后期处理和建筑效果图后期处理的讲解和演示。在 Photoshop 软件的运用中，包含图像色彩校正、环境配景处理以及整体效果优化等三个部分。

学习要点

- 理解色彩校正的意义和思路。
- 掌握室内外效果图的环境配景处理。
- 掌握 Photoshop 后期整体效果的优化。

任务 1 Photoshop 室内效果图后期处理（中级）

课程内容

本任务使用 Photoshop 软件进行室内效果图后期处理，主要通过图像色彩校正、环境配景处理和整体效果优化几个方面来讲授室内效果图后期处理的流程与方法。

（1）图像色彩校正

室内效果图的色彩校正，主要分为两个部分：一是在渲染得到的图像文件中，对画面进行色彩矫正，对各类材质进行较为准确的还原；二是根据室内的风格以及所需表达的氛围进行较为主观的色彩调节。

Photoshop 图像色彩校正的内容主要包含：色阶、曲线、色彩平衡、亮度与对比度、色相与饱和度等。（图 5-204）

（2）效果图环境配景处理

室内效果图环境配景处理主要指在完成色彩校正后的图像中，添加室内的植物、装饰物、人物、灯光光晕等素材。在添加素材过程中，需要注意素材的像素大小、风格统一、色彩的对比度和饱和度等几个因素。（图 5-205、图 5-206）

室内效果图后期处理（中级）

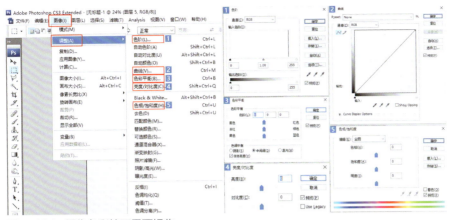

图 5-204　图像色彩校正界面操作

图 5-205　处理前

图 5-206　处理后

图 5-207　优化前

图 5-208　优化后

（3）整体效果优化

整体效果优化主要通过添加滤镜、创建新的填充和调整图层、AO通道处理、制作光效等方法来实现，使效果图的整体亮度、对比度、色彩平衡、饱和度、画面氛围等能达到理想的效果。（图 5-207、图 5-208）

课后小结

本任务学习在 Photoshop 软件中对室内效果图进行后期处理的一些思路和操作，在学习过程中要注意快捷键的操作和图层的管理，室内效果图后期处理的重难点是添加的素材与原图的契合度，要做到风格统一，要注重素材的对比度、饱和度以及光照关系。

操作练习
Photoshop 室内效果图后期处理（中级）

操作练习

下面提供了室内效果图后期处理的习题。对于后期处理的学习，不仅要掌握软件的基础命令操作，还要对三大对比关系有一定的认知，能完成整个场景的色彩优化调整。

任务 2　Photoshop 建筑效果图后期处理（高级）

建筑效果图后期处理（高级）

课程内容

本任务使用 Photoshop 软件进行建筑效果图的后期处理，其中讲解了图层蒙版和快速蒙版的使用方法，这是本任务内容的重点及难点。

（1）图像色彩校正

建筑效果图相较于室内效果图空间和尺度更大，对材质的纹理和质感表现也要求较高，建筑效果图的明暗对比、冷暖对比、虚实对比需要表现得更加清楚，所以建筑效果图后期处理的第一步，也是非常重要的一步，就是原始渲染图像的色彩校正。

建筑效果图的色彩校正，主要是利用彩色通道把各类材质从原始图像中复制出来，再运用 Photoshop 软件中的校色工具对各类材质进行明暗、冷暖和色彩的矫正调节。

（2）效果图环境配景处理

建筑效果图的环境配景处理一般是按由远到近的顺序进行的，通常将效果图的环境配景分为远景、中景、近景三个部分。首先添加符合场景时间或气象的天空素材，如夜景、黄昏、阴雨天等特殊环境。同时，天空素材一定要注意左右方向，要和原始图像中的光源照射方向一致，然后是添加远山、配楼、林地等远景。其次是添加和处理中景，主要对象是绿化植物、人物、装饰物、交通工具等，这一部分是重点，需要注意各类素材的风格、色彩、位置和图层关系，以及营造出合适的氛围。最后是添加适量的近景，如挂角树、人物、地面阴影等，其作用是突出远近关系，增加画面的空间感。（图 5–209、图 5–210）

图 5-209　处理前

图 5-210　处理后

图 5-211　优化前

图 5-212　优化后

（3）整体效果优化

建筑效果图的整体效果优化通常是通过创建新的填充和调整图层，通过调整图层中的亮度对比度、色彩平衡、色相饱和度及照片滤镜来调整画面的效果。也可以添加镜头光晕、云雾、景深等特效来提升效果。（图 5-211、图 5-212）

课后小结

本任务学习了在 Photoshop 软件中对建筑效果图进行后期处理的一些基本知识和操作，在操作过程中要注意场景建筑风格和素材风格的搭配，要突出建筑的结构和材质，切勿让配景抢了主景。然后是通过素材的大小、虚实、前后等方面体现出空间关系，最后是场景的统一和谐。

操作练习
Photoshop 建筑效果图后期处理（高级）

操作练习

下面提供了建筑效果图后期处理的习题。对后期处理的学习，不仅要掌握软件的基础命令操作，还要对后期处理的思路和逻辑有一定的认知。通过反复练习，可以形成自己的制作思路和方法。

综合练习

综合练习

下面提供了两个 Photoshop 后期处理的习题。通过练习，建立后期处理的思维逻辑，提高审美，提升对画面的整体掌控力。

模块六 | 建筑景观可视化表现（综合项目演练）

项目一　Lumion 建筑景观可视化表现

项目描述

本项目通过 Lumion 软件的操作界面，从夜景、雨天及日光模式多个角度进行讲解，同时，针对室内空间、建筑单体、景观建筑等不同应用场景分析 Lumion 建筑景观的表现方式。

学习要点

- 掌握室外单体建筑在夜晚的表现方式。
- 掌握室内场景的布置方式以及配景的选择。
- 掌握效果图制作的工作流程。

任务 1　Lumion 基础入门

课程内容

本任务主要讲解 Lumion 界面基础操作以及单体建筑的渲染过程，重点介绍了"界面基础操作"中的"新建场景""导入模型""动画制作"等命令以及效果图的制作过程。

（1）界面基础操作

视角通过键盘"W、A、S、D、Q、E"进行上、左、下、右、上升、下降等操作，鼠标右键控制视角方向。（图 6-1）

图 6-1　界面操作

　　打开软件后，点击"新的"选项，开始新建场景。Lumion 提供了六个原始场景以供选择，用户单击需要的场景即可完成新建场景。（图 6-2、图 6-3）

　　打开软件后，点击"新的"选项，开始新建场景。通过"选择模型"选项，可选择多种格式的模型。（图 6-4、图 6-5）

　　点击界面右下角"动画"选项。（图 6-6、图 6-7）

　　选择"录制"命令，进入到场景界面，即可通过确定两个不同的视角，通过位置的移动生成一段动画。（图 6-8、图 6-9）

图 6-2　软件打开界面

图 6-3　场景选择

图 6-4　选择文件

图 6-5　选择模型

图 6-6　动画选项

图 6-7　选择镜头

图 6-8　开始录制

图 6-9　镜头制作

（2）单体建筑表现

室外单体建筑的表现方式，包含了部分灯光、自发光的使用方式以及植物的搭配和夜景效果的制作。

在场景当中如果需要修改模型，在模型修改后点击更新模型，便可以保留之前所作的修改，如果模型位置或名称发生变化，则需要按住"Alt"键进行模型重新选择，只要模型中心坐标未变化，就可以保留修改。（图6-10、图6-11）

植物的摆放位置和大小需根据场景风格与相机视角进行调整。（图6-12、图6-13）

使用Lumion的材质替换工具替换视线中所有材质，如果三维草的材质过于卡顿，可使用灌木丛的植物进行遮挡。（图6-14、图6-15）

墙壁附件使用射灯进行照明会更加凸显其质感，但是玻璃墙壁并不适用，应采用点光源或面光源由内向外散发。（图6-16、图6-17）

可以预览夜晚效果，也可以结合自身场景特点进行针对性修改，应该让场景与风格相符合。（图6-18、图6-19）

图6-10　选择模型

图6-11　模型替换

图6-12　植物远景制作

图6-13　植物近景制作

图6-14　材质替换

图6-15　材质遮挡处理

图 6-16　灯光布置 1

图 6-17　灯光布置 2

图 6-18　夜晚效果预览

图 6-19　针对场景修改特效

课后小结

　　学习 Lumion 界面基础操作，重点掌握"新建场景""导入模型""动画制作"等命令以及效果图的制作。效果图制作流程为：模型优化导入—配景布置优化—材质优化与灯光布置—镜头配置与成果输出。

操作练习

　　下面提供了一个室外单体建筑的模型。对于建筑表现，需多了解相关效果及风格的搭配，注意效果图制作流程。

操作练习
Lumion 基础
入门

任务 2　Lumion 室内空间可视化表现

课程内容

　　本任务学习在 Lumion 中如何制作室内空间效果，重点讲解材质的选用及调节方式，以及配景人物的选择、材质与环境的搭配手段。

（1）模型优化导入

　　模型当中的材质区分要清晰，不能两种材质使用一种贴图，否则进入Lumion 后无法识别，可以在模型中适当增加人物及植物配景。（图 6-20、图 6-21）

Lumion 室内
空间可视化表
现

（2）配景布置优化

在进行植物搭配时，远景部分如果一棵树一棵树进行种植，会导致电脑运行卡顿，且难以种植，因此一般使用"树丛"进行布置，可以最大限度减少能耗，并保证输出质量。（图6-22、图6-23）

（3）材质优化与灯光布置

视线中的所有材质都需要调整，材质的纹理和方向要符合实际，以此保证输出质量。（图6-24、图6-25）

场景中的大部分材质，除镜面等高光泽材质外，都需要带一点风化效果。（图6-26、图6-27）

（4）镜头配置与成果输出

Lumion这款软件并不会进行实时的渲染，每次特效调整之后需要手动点击渲染界面进行特效更新。（图6-28、图6-29）

图6-20　模型优化添加真实人物

图6-21　模型优化删除植物

图6-22　植物近景制作

图6-23　植物远景制作

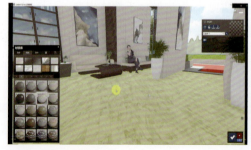

图6-24　材质替换

图6-25　纹理修改

图 6-26　光泽度修改

图 6-27　风化效果

图 6-28　真实效果修改

图 6-29　效果更新预览

课后小结

场景当中的大部分材质，例如布料、地面、瓷砖等应该带有一些陈旧、风化感，过于干净、亮丽的材质反而会影响最后的呈现效果。

操作练习

下面提供了一个室内建筑的模型，在制作过程中应该做到材质纹理、灯光参数等效果相统一，在课程的引导下根据要求完成课程练习。

操作练习
Lumion 室内
空间案例

任务 3　Lumion 建筑景观可视化表现

课程内容

本任务主要学习在 Lumion 中如何表现建筑景观效果。重点讲解建筑景观在阴雨天气的表现。

（1）模型优化导入

模型导入时模型放置点为模型坐标中心点，如果模型距离中心点较远，则不会出现在导入模型放置点。（图 6-30、图 6-31）

Lumion 建筑
景观可视化
表现

（2）配景布置优化

　　植物的种植应考虑空间关系，植物的正确种植应该是视角确定之后，对有瑕疵的地方可用植物进行遮挡。（图6-32、图6-33）

（3）材质优化与灯光布置

　　材质的调整同样需要根据场景来制订，例如阴雨天的场景下，整体材质色调与反射都应偏冷一点。（图6-34、图6-35）

（4）镜头配置与成果输出

　　在周围物体不方便使用"反射"特效时，我们可以使用"放置"-"设备/工具"里面的材质反射球来制作，例如地面积水等反射效果。（图6-36、图6-37）

图6-30　导入模型1

图6-31　导入模型2

图6-32　植物配置

图6-33　视角确认

图6-34　材质优化1

图6-35　材质优化2

图 6-36　反射效果制作 1　　　　　　　图 6-37　反射效果制作 2

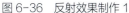

课后小结

生活中常见的物体通常都会有反射，反射根据材质的区别也会有强弱，我们应该根据不同的材质调节不同的反射强度。

操作练习

下面提供了一个室内建筑的模型，在制作过程中应该做到材质纹理、灯光参数等效果相统一，根据要求完成课程练习。

操作练习
Lumion 建筑
景观案例

综合练习

下面提供了两个单体建筑模型，希望多了解各种风格及特效的效果，并互相搭配，才能得到更好的效果。

综合练习

课后习题

下面提供了两个室外场景模型，希望多了解各种风格的模型分别适应哪种场景，并且与各类特效如何搭配使用，才能更好地表现建筑特点。

课后习题

项目二　Mars 建筑景观可视化表现

本项目介绍 Mars 在建筑景观可视化表现中的作用和相应的操作，建筑景观可视化模块分为室内空间和建筑景观可视化。

学习要点

● 掌握建筑景观模型、建筑漫游动画、建筑数字化等建筑可视化表现。

● 掌握能处理制作实务中的具体问题并能根据制作的具体情况进行项目监管和协调。

● 掌握 Mars 天气系统编辑及路径编辑，掌握 Mars 景深设置、参数调节、预设模板和色彩表现。

任务 1　Mars 软件入门

课程内容

通过本任务的学习，了解 Mars 运用的基本知识，掌握 Mars 基本操作，熟悉 Mars 虚拟动画制作流程。

（1）Mars界面基础

Mars 界面中主要包含：编辑栏、天空调节、后期参数调节、场景、飞行人视角切换、录像、拍照、视图、VR、3D 分屏、设置区。（图 6-38、图 6-39）

（2）Mars基础操作

Mars 的基础操作主要是了解渲染软件的工作方式及软件的操作等命令快捷键，了解如何切换视口、添加植物配景等。（图 6-40、图 6-41）

（3）Mars天气面板

Mars 天气面板中，以天空、云层、太阳、雾、夜间等参数，控制整个天空环境。（图 6-42）

（4）Mars路径

在 Mars 软件中通过控制关键帧来控制整个路径，以首帧、中间帧、尾帧来实现路径的流畅。（图 6-43）

Mars 软件
详解

图 6-38　Mars 操作界面

图 6-39　基础面板

图 6-40　视角切换 1

图 6-41　视角切换 2

图 6-42　天气面板

图 6-43　路径面板

课后小结

　　本任务学习了 Mars 软件中的一些基本操作知识，要注意快捷键的操作和视图的切换及应用。熟悉了软件的基本运用之后，能大大提高渲染和输出速度。

操作练习

　　下面提供了基础场景的模型。对 Mars 基础的学习，不仅要掌握软件的基础功能，还要掌握软件界面的切换及运用。

操作练习
Mars 软件
详解

任务2 Mars 室内空间可视化表现

课程内容

Mars 室内空间可视化表现

本任务学习餐厅模型优化与FBX导出、餐厅模型材质处理、餐厅灯光设置、餐厅摄像机设置、餐厅全景渲染输出；茶室模型优化与FBX导出、茶室模型材质处理、茶室灯光设置、茶室摄像机设置、茶室全景渲染输出；书吧模型优化与FBX导出、书吧模型材质处理、书吧灯光设置、书吧摄像机设置、书吧全景渲染输出。

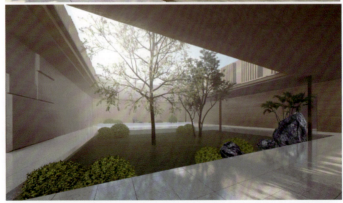

图6-44 任务实例

（1）餐厅（民宿）室内效果表达

①首先以透视角度确定镜头。

②先确定大面积的材质，如墙体、铺装材质，再确定小面积材质。

③材质确定后，对室内的光源以及外部环境进行调节，室内的灯光确定壁灯和电光源，外部需要确定整体环境。（图6-45）

（2）茶室（民宿）室内效果表达

①茶室注重的是材质和外部环境的关系，所以需要格外细心地对整体进行调整。确定茶几的材质需要达到什么标准，光泽度需要达到什么要求。

②内庭的植物不需要太过于茂盛，需要注意树形以及颜色的配比。

③外部的环境怎样达到丁达尔效应以及对雾的控制。（图6-46）

图6-45 餐厅案例

图6-46 茶室案例

图 6-47　书吧案例

（3）书吧室内效果表达

　　室内空间书吧的表达，对整体和环境的要求会更加严格，环境的颜色和室内材质的颜色要符合色调，尽量用暖色调。（图 6-47）

课后小结

　　本任务学习了室内空间关系以及材质的颜色、环境、光影、色调的具体表达和应用。

操作练习　Mars 室内空间案例

操作练习

　　下面提供了课程内容相关的素材，针对学习的三个模型进行临摹，需要注意加强材质细节、灯光表达、后期环境调整的练习。

任务 3　单体建筑可视化表现

单体建筑可视化表现

课程内容

　　本任务学习 Mars 材质资源及材质调整的运用、材质质感及配景的搭配和场景材质及模型的调整。（图 6-48）

（1）材质编辑

　　在 Mars 软件中赋予模型材质，如草地、墙体、玻璃等材质。（图 6-49—图 6-51）

（2）植物配景

在调整完成材质的基础上，分别对场景进行植物、人物、配景的搭配。（图6-52、图6-53）

（3）后期调整

通过调节天空参数和后期参数对整个环境进行后期调整，确保输出效果。（图6-54）

图 6-48　单体建筑场景配置

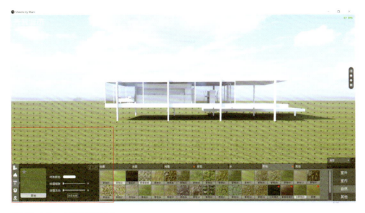

图 6-49　材质面板 1

图 6-50　材质面板 2

图 6-51　材质面板 3

图 6-52　植物面板 1

图 6-53　植物面板 2

图 6-54　后期调整

课后小结

　　本任务学习了单体建筑可视化表现，其中运用材质调整、植物搭配、后期调整等命令，在处理基本场景后，可得到完整的动画片段。

操作练习

　　下面提供了一个三维模型，练习怎样对模型赋予材质，搭配植物，以及整体的光环境和后期的调整。

操作练习
单体建筑案例
讲解

综合练习

　　下面提供了单体建筑项目的综合习题，通过 Mars 软件的学习，多了解相关操作和运用编辑技巧。

综合练习

课后习题

　　下面提供了空间构成项目的习题，主要测试大家对动画基本操作的综合运用，灵活掌握动画的基本制作思路和动画路径的设置技巧。

课后习题

项目三　视频合成编辑

项目描述

本项目介绍建筑景观可视化表现视频制作项目中视频合成编辑的内容及要点，主要内容包括视频素材的收集整理、项目动画影片的片头片尾片插特效制作、视频组接与转场特效编辑、背景音乐和配音的选择与编辑、漫游动画成品视频的输出设置及剪辑工程文件的打包归档。通过学习，读者可以了解和掌握建筑漫游动画影片剪辑输出的基本流程和制作要点。

学习要点

- 掌握视频素材的收集整理思路。
- 掌握项目动画影片的片头片尾特效制作方法。
- 掌握视频组接与转场特效编辑技巧。
- 掌握背景音乐和配音的选择与编辑技巧。
- 掌握漫游动画成品视频的输出设置及剪辑工程文件的打包归档操作方法。

课程内容

视频合成编辑

本项目系统地介绍视频素材的收集整理、项目动画影片的片头片尾片插特效制作、视频组接与转场特效编辑、背景音乐和配音的选择与编辑、漫游动画成品视频的输出设置及剪辑工程文件的打包归档等视频合成编辑的基础知识。

（1）素材收集整理

泛建筑可视化表现的视频合成编辑与电视、电影的非线性编辑有所不同，步骤更简单快捷。因本类项目的视频编辑所用到的素材都是根据项目制作脚本进行三维虚拟场景渲染输出的视频素材或是序列帧，大部分为有效素材，不像电视、电影在素材拍摄过程中，会有很多无效素材的产生，在非线性编辑工作开展之前还要对素材优化整理。泛建筑可视化表现项目在视频合成编辑前，只需要把前期输出的素材分类收集整理放入项目编辑工作文件中即可。（图6-55）

（2）片头、片尾、片插编辑

①制作片头

制作片头首先要确定影片的画幅显示比例与尺寸，常用的画幅比例与尺寸有以下几种：

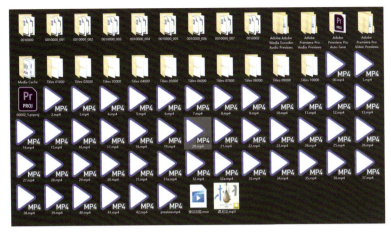

图 6-55　素材收集整理

4：3 是从电视时代流传下来的古老标准，一般的 720×576 的屏幕分辨率就是这个比例。

5：4 常见的 1280×1024，17 英寸屏幕和绝大部分非宽屏幕的 19 英寸屏幕都是这个分辨率。

16：9 主 要 是 HD 电 视 的 比 例， 常 见 的 1280×720、1920×1080、2560×1440 都是这个比例。

16：10 就是常见的宽屏幕比例，通常的分辨率为 1920×1200。

21：9、32：9 是现在常见的曲面屏比例，通常的分辨率为 2560×1080、3440×1440 和 3840×1080、5120×1440。

其次是确定项目的帧率：帧率即每秒显示帧数，帧率表示图形处理器处理场时每秒钟能够更新的次数。高帧率可以得到更流畅、更逼真的动画。一般来说 25fps、30fps 就是可以接受的，将性能提升至 60fps 则可以明显提升交互感和逼真感，但是一般来说超过 75fps 就不容易察觉到有明显的流畅度提升了。

本项目的片头制作基于已有模板进行，在适合的 AE 工程模板的基础上添加项目的相关图片，进行二次编辑调整，控制片头输出节奏，添加定格显示标题，最终进行序列帧或视频格式文件输出。（图 6-56）

②制作片尾

本项目的片尾编辑是基于项目小组制作过程花絮作为素材，采用左右布局的方式，将素材配以项目小组分工情况进行编排，然后输出为序列帧或视频格式文件。（图 6-57）

③片插编辑

本项目的片插编辑也是基于原有模板进行，选定适合的片插特效 AE 工程模板的基础上添加项目 logo 及片插说明文字，然后输出为空背景的序列帧或直接导入到 Premiere 剪辑软件中进行项目剪辑。（图 6-58）

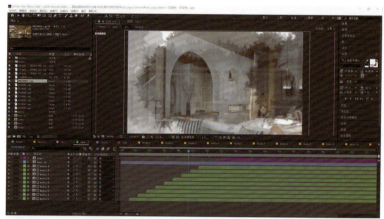

图6-56　片头特效制作

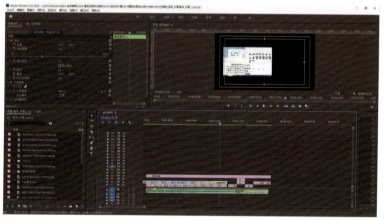

图6-57　片尾特效制作

（3）视频组接与转场

①视频组接

要寻找、选择、确定一个最准确、最适当的剪接点，使前后镜头衔接自然流畅。要符合生活的逻辑、思维的逻辑，主题与中心思想一定要明确，在这个基础上根据观众的心理要求，确定选用哪些镜头，并将它们组合在一起。（图6-59）

镜头的组接主要有连接组接、队列组接、黑白格的组接、两级镜头组接、重复镜头、动作组接、插入镜头组接、特写镜头组接、景物镜头的组接等9种组接方法。

②技巧转场

转场是一种转换形式，然而它有其内在的视觉—心理依据，是叙事内容发展的需要，也是创造层次和结构的需要，转换时要注意心理的隔断和视觉的连续。转场分为技巧转场和无技巧转场。技巧转场是利用特技来连接两个场面；

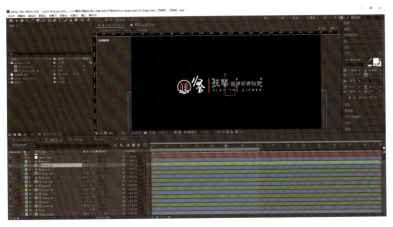

图 6-58　片插特效制作

图 6-59　视频组接示意

无技巧转场则是利用镜头的自然过渡来连接两段落，此时要注意寻找合理的转换因素。

技巧转场的特点是，既容易造成视觉的连贯，又容易造成段落的分割。主要有叠化（Dissolve）、淡入和淡出（fade in and fade out）、白化（albefaction）、黑屏（overstrike）、闪格（flash frame）、叠印（superimposition）、划变（wipe）等 7 种常用的转场技巧。

技巧转场一般适合用于较大的转换上，它比较容易形成明显的段落层次，在组与组之间的场面转换，则多采用直接切换的方法。（图 6-60）

（4）影片背景音乐与配音

在漫游动画影片的制作过程中，为了影片能更好地反映项目制作的目的以及影片制作的中心思路，通常会为影片选择或定制编辑背景音乐和旁白配音，在选择背景音乐的时候要注意音乐和画面风格的有效契合，包括旁白配音的精炼和有效性，达到画龙点睛的最终目的。（图 6-61）

（5）影片输出设置与归档

① Premiere 渲染输出

Premiere 提供有 40 多种输出预设和 30 多种视频编码格式，根据播放设备和画幅尺寸的不同，按需选择预设、画幅尺寸和编码格式，常用的编码格式为 H.264，输出为 mp4 格式的视频文件，能满足各种主流的操作系统以及网络媒体播放需求。预设通常选择"匹配源 – 高比特率""匹配源 – 中比特率"，

图 6-60　技巧转场编辑

图 6-61　背景音乐合成

图 6-62　Premiere 渲染输出设置

二者区别在于"目标比特率"的大小，目标比特率越大，文件越大，画面更清晰、播放更流畅；反之，文件较小，画面放大后会有噪点，播放会有一定的卡顿，但是不影响观看体验。软件只支持单个视频逐一渲染输出。（图6-62）

②Media Encoder 队列输出

Media Encoder支持多个视频队列渲染输出，这种输出方法可减少中间环节，降低视频信号的损失。但必须保证系统的稳定性并准备好备用设备，同时对系统的锁相功能也有较高的要求。（图6-63）

③影片剪辑工程归档

影片剪辑工程文件有规范的打包归档操作方法，需熟悉项目管理的核心要点。工程文件的打包归档，便于后期对成果的修改调整和二次运用。（图6-64）

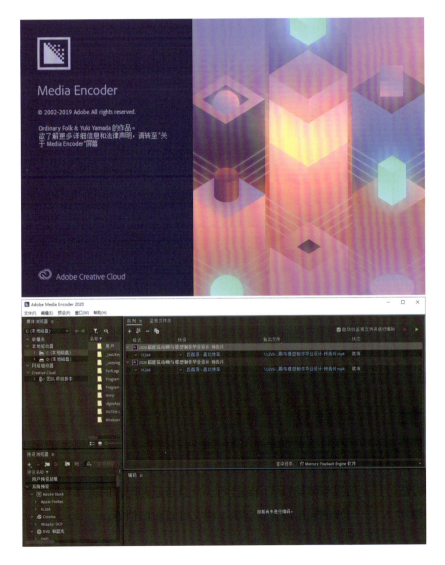

图 6-63　Media Encoder 队列输出设置

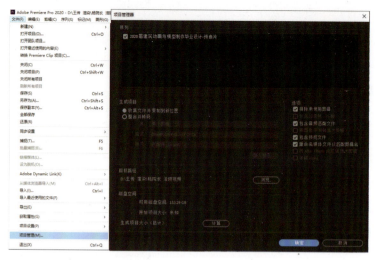

图 6-64　影片剪辑工程归档

课后小结

　　本项目学习了后期合成软件 After Effects 和 Premiere 的应用，在 After Effects 中制作漫游动画影片的片头、片尾等，再用 Premiere 合成成果视频片段，并进行配音和配乐，最后在软件中输出成品，这就是漫游动画的制作全流程。

操作练习
视频合成编辑
基础

操作练习

　　下面提供了民宿项目的视频合成编辑习题，通过练习、掌握软件中剃刀、比特率拉伸等工具的基本操作，对视频转场特效的编辑及运用有一定的认知。

综合练习

综合练习

　　下面提供了民宿项目的视频编辑合成综合习题，通过练习，需多了解相关命令和编辑技巧的运用。

课后习题

课后习题

　　下面提供了地产项目的视频编辑合成习题，主要测试大家对视频合成编辑的综合运用，掌握视频素材的收集整理思路、项目动画影片的片头片尾插特效制作方法、视频组接与转场特效编辑技巧、背景音乐和配音的选择与编辑要点、漫游动画成品视频的输出设置及剪辑工程文件打包归档等。